科學家嚴選的100個防癌密碼

作者簡介

林麗君 Queenie Lam

加拿大麥克馬斯特大學份子免疫學和病毒學碩士，香港大學免疫學哲學博士。前香港大學病理學系研究助理教授，日本政府「學術振興會研究基金評審會」批核研究基金申請的後備評審委員。現任「思緣諮詢有限公司」（Seren Consultation Limited）的創辦人，旨在為癌症病人介紹度身訂做的免疫細胞療法。

科研成果包括釐清「單純疱疹病毒」（Herpes Simplex Virus；HSV）如何透過 VP16 蛋白質選擇性地破壞被感染者的基因，同時保持自身的基因免受損害。另外發現一向以調節新陳代謝為人所熟悉的荷爾蒙「瘦素」（Leptin），也在免疫系統中擔當重要角色，提出瘦素通過誘導某些基因的表達來調控 B 淋巴細胞生理平衡的理論。此外亦透過基因沉默技術抑制「B 淋巴細胞活化因子」（BAFF）的表達從而減少輔助性 T 細胞的產生，最後在實驗中成功治癒自身免疫性關節炎。另外曾在美國的「基因泰克生物科技公司」（Genentech Inc.）從事癌細胞的份子傳訊通路的基礎研究和新藥研發。

科研成果曾在多份國際知名的科學雜誌刊登，當中包括《歐洲份子生物學組織期刊》（*European Molecular Biology Organization Journal*；*EMBOJ*），以及兩次獲美國《國家科學院院刊》（*Proceedings of the National Academy of Sciences*；*PNAS*）刊登。

《科學家的健康法則》
面書

Queenie Lam 林麗君
面書
(畫作分享)

在本地和海外均屢次獲取科研獎項，包括2007年香港科學會生命科學範疇的「香港青年科學家獎」、2007年「美國臨床免疫學會聯合會旅學獎」、2008年和2010年「亞洲－大洋洲免疫學會聯合會旅學獎」及2010年「美國免疫學協會青年教授旅學獎」等。此外在2009年首次申請便成功獲得香港研究資助局批核7位數字的研究基金。在2010年她和日籍的丈夫結婚後移居東京，很快就遇上東日本大地震。在日本政府緊縮開支的政策下，並以剛移居當地的外國研究員身份，仍僥倖地申請到相等於50萬港元的研究撥款。

自小喜愛繪畫，曾在美國和香港舉行個展和團展，亦曾為香港海港城商場創作了一幅大型畫作《傳説》。最近她的作品亦入選在日本舉辦的「第8屆世界繪畫大賞展」、「第22屆全日本藝術沙龍繪畫展」及「第21屆ARTMOVE繪畫展」。

科普主題的著作有《這樣吃可令你年輕10年——醫學專家嚴選130個飲食方案》、《醫學專家為你破解美容迷思》及《醫學專家的美容法則》。

推薦序

有誰沒有親戚朋友鄰里熟人或者偶像粉絲發現患上癌症的？又有誰認識幾個完全康復的？食道癌、肝癌、胰腺癌、膽囊癌、肺癌、乳腺癌、淋巴癌、鼻咽癌、肌瘤、腦瘤，每一種癌都能勾起我對一個甚至多個親戚朋友導師同事的懷念。

經過學界藥界這些年的努力，對付癌症的已不再只是手術和傳統的放療和化療。早期診斷、靶向藥物和免疫治療正在逐漸延緩病情惡化，延長患者的生命和提高患者的生活質量。我甚至有一個同事戰勝白血病重返工作崗位，結婚生子。

雖然距離徹底治癒各種癌症還有些遙遠，科學界對正常細胞如何轉化成癌細胞，癌細胞如何違抗被自殺的命令，如何調整代謝，如何躲避、欺騙、抑制免疫系統，如何增殖，如何從原發點轉移他處，已經有很深很細的了解。根據這些機理，我們有相當大的空間預防癌細胞出現，阻止癌細胞增生，抑制癌細胞轉移。也就是説無論爹媽給了我們什麼樣的基因，我們都有可能通過調整飲食、心態和日常生活來預防或推遲癌症發生，延緩癌症惡化和轉移。

有誰沒收到過這樣那樣的養生建議，國內電視報紙雜誌網站微信到處都是養生保健信息。這些信息，有的有道理，有的莫名其妙，有的完全牛頭不對馬嘴。張三講吃這個防癌李四説喝那個致癌。到底哪些靠譜？究竟聽誰的呢？當然聽科學家的。遺憾的是做科研的大多沒時間，沒興趣，或者不擅長做科普。本人就是其中之一。從業二十多年，從癌症的基礎研究做到新藥研發和申報，對癌細胞發生增殖轉移或者被抑制被清除的機理可以説理解很深。但是一直慚愧不知如何簡單明了地解釋給親朋好友，林博士這本書正好了結我這個心願。

林博士是我從前的同事，曾在加拿大、美國、香港和日本從事基礎研究和新藥研發多年。最近退下火線，專心寫科普及成立專為香港及國內癌症患者而設的免疫細胞疫苗療法顧問公司。為寫這本書，林博士調研了多篇論文，把枯燥生澀的科學數據轉化成淺顯易懂的文字，配上生動的插圖，娓娓道來。讀來不僅漲知識，而且是一種享受。最重要的，讀後你自然會或多或少地改善個人飲食和生活習慣，或許你將因此而防癌於未然。

作為消費者，我們的消費習慣會影響全社會的消費習慣。比方説，當我們很多人停止消費垃圾食品、偽科學補品，代之以自然健康食品，食品工業也會逐漸轉型，更多地生產銷售高質量健康食品，從而改善全社會的飲食結構、健康水準。作為父母，我們的好習慣會潛移默化成下一代人的好習慣。

會有那麼一天，癌症會成為一個可預防可控制的常見病。沒有誰會再談癌色變。

李世紅
生物醫學博士
楊森癌症新藥申報
Janssen Pharmaceutical, Global regulatory affairs, RSI Oncology,
1125 Trenton - Harbourton Road
Titusville, NJ 08560

序

「你或我其中一人很大機會患上癌症。」

閣下可能對此説法並不感到驚訝。事實上根據美國「國家癌症研究所」（National Cancer Institute；NCI）的統計數字，人的一生中有接近半數（平均為39.6%，男性：43%；女性37.8%）機會患上癌症，而每個人因為癌症而死亡的機率是4份之1。

「大部份的癌症是可以預防的。」

眾多的研究幾乎一面倒的指出癌症的發生主要是受生活等外在環境影響，而並非遺傳所致。其中2015年在《自然》（*Nature*）科學雜誌發表的研究顯示，一些可以避免的外在因素包括生活習慣、環境污染及輻射等是引致癌症的主要原因，影響達70-90%的癌症病例。「世界衛生組織」（World Health Organization；WHO）亦指出至少3份之1的癌症病例是源於生活及飲食習慣等包括高「身體質量指數」（Body Mass Index；BMI）、生果蔬菜的攝取不足、缺乏運動、抽煙、飲酒等。因此癌症亦和糖尿病、心肌梗塞等一樣被視為生活習慣病。

「一個人在 30 歲時採取的生活方式可以決定他在 60 歲時患上癌症的機率。」

一個癌細胞演變成為一個直徑 1 厘米的癌腫瘤平均需時 10 至 30 年不等，換句話説某人如果在 60 歲確診患上癌症的話，他的第一個癌細胞最早可以在 30 歲已經出現。所以預防癌症絕非只屬於中高年人士的課題，而是包括年輕人在內和每個人都息息相關的切身問題。加上生活習慣往往在童年便開始形成，所以「美國癌症研究所」（American Institute for Cancer Research；AICR）甚至提倡大家應向兒童灌輸預防癌症的生活方式。

基於以上三大因素，筆者決定把最新的國際科學及醫學研究數據與知識，整輯成《科學家嚴選的 100 個防癌密碼》這書。本書旨在為大家介紹預防癌症的生活和飲食習慣，以及列出日常生活容易接觸到的致癌及有害物質，務求幫助大家以最有效的方法預防癌症。現在就讓我們馬上一起打開這 100 個防癌密碼，建立防癌的生活模式，從而打造不易患癌的體質，把所有癌細胞都趕盡殺絕！

此外，筆者希望為癌症病童及其家庭出一分力，所以會把這本書在香港出版的作者版税收益全數捐贈香港「兒童癌病基金」。所以閣下購買這本書的同時也可以幫助到病童呢！

目錄

Chapter 2 飲食密碼

Chapter 3 化學危險密碼

你對防癌有把握嗎？

癌症知識Q&A

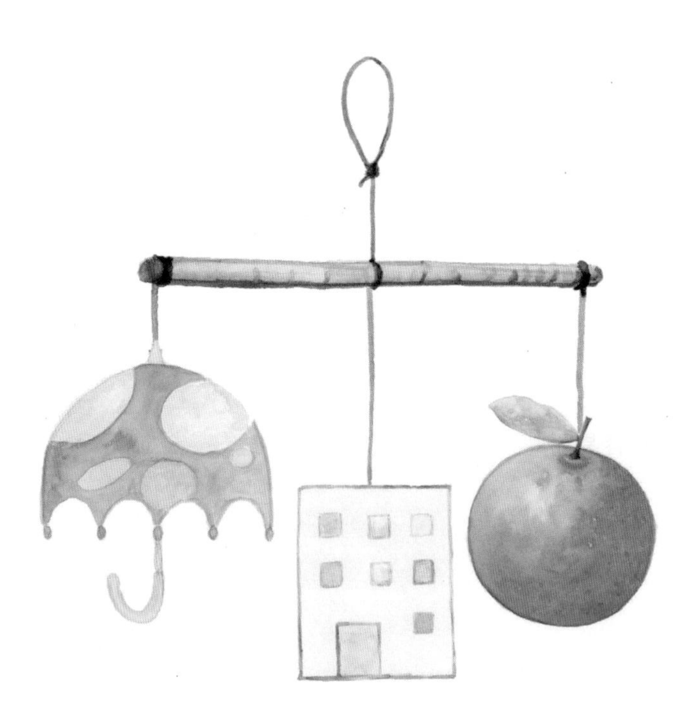

問題一

女性vs男性，誰比較容易因為大腸癌而死亡？

答案：女性

很多人傾向認為大腸癌的女性患者屬於罕見，其實不然，而且大腸癌對女性比男性來説更致命。根據香港癌症統計中心的最新數字，大腸癌是女性第二位最致命的癌症，比男性中的第三位高。在日本也是類似情況，大腸癌是女性第一位最致命的癌症，而在男性中則排第三位。

為什麼女性容易患上大腸癌？首先以體質來説，生理週期引起女性荷爾蒙的波動，而「黃體素」（progesterone）在月經完後大量分泌，這期間容易引起便秘。其次是相比起男性，女性從事的工作以經常坐著的為多，令下身肌肉較弱，以及精神比較容易緊張等種種原因，都會令女性比男性容易有便秘問題。便秘令腸內環境惡化，而且令糞便中的致癌物質在腸內長時間停留，提高患上大腸癌的風險。

問題二

吸煙vs二手煙，哪一個更容易致癌？

答案：吸煙

吸煙者比非吸煙者有接近 25 倍患上肺癌的風險，相比之下二手煙則提高肺癌風險 20-30%。另外因為癌症而引起的死亡病例中，至少 3 成是因為吸煙所引起，而當中有接近 8 成是肺癌。

吸煙者除了直接從口部吸入香煙外，也會從呼吸中吸入香煙的煙霧。煙霧當中含有超過 7 千種高濃度的化學物質，其中至少有 70 種可以致癌。

可是二手煙的影響也不容忽視。二手煙分為主流煙（即吸煙者呼出的煙）及副流煙（即點著了的香煙所發出的煙）。副流煙的化學物質份子較小，容易進入體內的細胞，而且副流煙含有濃度高的有害物質例如一氧化碳、亞蒙尼亞及「亞硝胺」（nitrosamines）等。二手煙會提高患上肺癌風險，每年美國有大概 7 千多名非吸煙者因為二手煙引致的肺癌而死亡，另外有接近 4 萬非吸煙者的死亡個案是由二手煙引起的心臟病而導致的。有研究顯示二手煙亦可能會提高患上鼻咽癌、乳癌、血癌及淋巴癌等的風險。

問題三

遺傳 vs 家族習慣，哪一個對患癌風險影響更大？

答案：沒有絕對答案

患上癌症的風險也受遺傳所影響，但如前文所述，除了個別情況外（例如某些乳癌、視網膜母細胞瘤等），一般來説遺傳因素佔的比重不高，大概 5-10% 而已。而且即使遺傳了容易患上癌症基因，也不一定會得到癌症。另一方面研究顯示，最高達到 90% 的癌症是由環境因素所支配，所以家族的起居飲食習慣就顯得甚為重要了。

近年有研究顯示一起生活的家人會有相似的口腔、腸道及皮膚的細菌類別及比例等，而這些細菌會影響身體的健康狀況。此外家人的生活方式會互相影響，假如家人喜愛吸煙、喝酒、暴吃、愛吃零食、偏吃或少運動等，又或是從來不去接受身體檢查的話，甚至在健康出現問題時也絕對不去看醫生等……這些習慣不多不少也會影響到自己。所以即使家族沒有遺傳容易患癌的基因，單是不健康的家族習慣也會提高患癌風險。

問題四

緊張暴躁 vs 平和冷靜的個性，哪一個患癌風險較高？

答案：緊張暴躁的個性

緊張暴躁的個性會令「交感神經」（sympathetic nerve）緊張，刺激壓力荷爾蒙包括「皮質醇」（cortisol）的分泌。大家可能曾經使用類固醇藥物，它們的原理是透過抑制免疫功能來緩和皮膚炎症、敏感及哮喘等。類固醇藥物當中的「氫化可的松」（hydrocortisone）就是皮質醇，所以皮質醇會削弱免疫力，包括阻礙 T 淋巴細胞分泌某些「細胞因子」（cytokines）。如果皮質醇長期處於高分泌水平會令免疫細胞對皮質醇失去敏感度，結果引起長期「全身慢性炎症」（systemic chronic inflammation），而這狀況會提高患癌風險。

緊張暴躁的個性亦會增加「游離基」（free radicals）的產生，當中和氧氣有關的游離基被稱為「活性氧」（reactive oxidative species；ROS），它的氧化力十分強烈，會攻擊蛋白質、細胞膜和基因，也會在體內各處產生炎症，干擾荷爾蒙分泌，並且氧化免疫細胞而削弱免疫力。

問題五

生育vs不生育，哪一個患癌風險較高？

答案：不生育

女性患上乳癌的風險與卵巢分泌具有刺激細胞生長作用的女性荷爾蒙有關。懷孕及哺乳會減少月經週期的次數從此減低荷爾蒙的影響，令患上乳癌的風險減低。

此外在懷孕及哺乳期間乳房細胞因為要分泌母乳而變得成熟，而這些成熟的乳房細胞被認為較難發生癌變，長遠來説會減低患上乳癌的風險。數據顯示生育的次數和乳癌風險成反比；例如生了5個孩子的母親患上乳癌的風險是沒有生育過的女性的一半。另外女性在比較年輕時懷第一胎也會減低患上「陽性激素受容體」（hormone receptor positive）類別乳癌的風險（但如果超過35歲才懷第一胎的話，乳癌風險反而比從未有過生育經驗的女性高）。哺乳期間越長，患上乳癌的風險也越低。

問題六

馬拉松賽跑 vs 緩步跑，哪一個對防癌不利？

答案：馬拉松賽跑

比較跑步的強弱度對死亡率的影響的報告發現，長距離跑步（1 星期跑超過 40 公里）的人士跟完全沒有跑步的人士的死亡率是一樣，即長跑並沒有帶來健康效益。唯有短程的競步或緩步跑（1 星期 1-2.5 小時）卻能夠減低死亡率達 25%。

這還不止，馬拉松賽跑會損害健康。馬拉松賽跑是激烈而且連續的長時間運動，會令呼吸急促而產生大量的活性氧，傷害細胞及基因，也會引起炎症及削弱免疫功能。實驗證明長期而且激烈的運動也會令體內產生發炎物質，對預防癌症不利。實驗證明這些發炎物質更有助病毒生存，而事實上有研究指出連續做激烈的運動超過 90 分鐘，令運動員在之後的 3 天容易染病。

問題七

紅肉 vs 白肉，哪一個對防癌不利？

答案：紅肉

世界衛生組織轄下的「國際癌症研究所」（International Agency for Research on Cancer；IARC）分析了近年 800 多項有關肉類與健康的研究，發現有力證據證明紅肉與患癌風險有關，尤其是大腸癌，其次是胰臟癌及前列腺癌等。

紅肉和白肉所含成份的差異例如紅肉含有大量「血紅素」（heme）及「左旋肉鹼」（L-carnitine），它們和提高癌症風險有關。紅肉的紅色素來自血紅素，它會在腸內被代謝成有害物質。左旋肉鹼是氨基酸，它在紅肉中比白肉豐富。進入腸道後左旋肉鹼會先被腸內細菌代謝，然後再輸送到肝臟，最後被代謝成「氧化三甲胺」（trimethylamine N-oxide；TMAO），而 TMAO 會提高大腸癌及心臟病的風險。

為什麼人會患上癌症呢？

第一個癌細胞的前身是一個正常的細胞，但為什麼這個正常細胞會演變為癌細胞呢？

原因歸咎於這細胞在繁殖時會經過細胞分裂這過程，而這時必需複製新的「基因」（gene），可是這複製過程卻無可避免會發生錯誤。這些錯誤都有可能引起「突變」（mutation），即基因的永久改變。如果突變發生在一些關鍵的地方，例如在「腫瘤抑制基因」（tumor suppressor genes）、「致癌基因」（oncogenes）、免疫酵素或一些把致癌物質代謝的酵素等重要基因之中、又或者把這些突變修正的系統運作不足等，就會讓癌細胞有機會產生。

近年研究亦發現「表觀遺傳修飾」（epigenetic modification）會調節基因及蛋白質等的表達，亦是基因突變以外十分重要的癌變因素。年齡增長讓基因的突變或錯誤以及不正常的表觀遺傳修飾累積起來，增加正常細胞變成癌細胞的可能性，所以年紀越大患癌機率會大幅提升。

除此之外，外在因素會傷害細胞，結果會增加基因及表觀遺傳修飾發生錯誤的機會，促使正常細胞更加容易演變成癌細胞。這些外在因素包括不良的飲食及生活習慣、運動不足、氧化、壓力、炎症、紫外線、化學物質、污染、吸煙、病毒或細菌感染及輻射等，它們都會令基因受到傷害或表觀遺傳修飾出現錯誤而造就突變。

話說回來，為什麼癌細胞那麼可怕呢？主要原因在於癌細胞和正常細胞有著很大的分別，例如癌細胞不像正常細胞，不會成熟及「分化」（differentiate），所以無法擔起正常任務。癌細胞亦會永遠持續地繁殖，結果形成腫瘤。癌腫瘤會刺激附近的血管長出新血管，稱為「血管新生」（angiogenesis）的機制，好讓癌細胞能夠吸收更多養份及擴散。另外癌細胞入侵其他器官必需穿越血管或淋巴腺。最新的研究發現癌細胞能夠令佈滿在血管及淋巴腺內壁的「內皮細胞」（endothelial cells）死亡，好讓癌細胞能夠穿越血管及淋巴腺並入侵周邊組織或器官，結果令各器官不能正常運作而威脅性命。

不過即使癌細胞出現了，其實也不一定會演變成為癌症，因為我們擁有免疫系統日以繼夜地為我們清除癌細胞。可是癌細胞實在太聰明，它們以各式各樣十分巧妙的方法「改變」及「調節」周圍環境，以及「隱藏」自己等來逃過免疫系統的狙擊。癌細胞甚至可以反過來「抑制」免疫細胞的功能，最終目的就是讓自己能不被免疫細胞狙擊而可以不斷地繁殖下去。如果免疫系統未能把好關卡的話，癌細胞就能夠生存下來並經過多重的分裂及繁殖等過程而逐漸演變成為癌腫瘤。因此如果我們的免疫功能相對弱的話就比較容易患上癌症，所以守護免疫系統健康是預防癌症的其中一個重要課題。

有些人天生
容易患上癌症嗎？

我們從父母遺傳下來的基因會在某程度上左右個人的患癌機率，因為癌症的成因也像某些疾病一樣受遺傳所影響，亦即是「遺傳傾向」（genetic predisposition），所以某些人的確天生比較容易患上癌症。影響患癌機率的因素包括患者遺傳了一些突變在負責調節細胞周期、修復基因的損傷、或促進細胞癌變等的腫瘤抑制基因或致癌基因上等。

可是除了個別情況外，平均來説這些遺傳基因突變而引起癌症的比重不高，根據美國國家癌症研究所的評估大概為 5-10% 而已。而且即使遺傳了癌症基因突變，亦不代表一定會患上癌症。

以雙生兒作為研究對象的報告亦證明了遺傳因素佔的比重很低。例如 2016 年一項以雙生兒作為研究對象的報告顯示，在基因完全一樣的一卵雙胞胎的統計中，如果雙胞胎的其中一人患上癌症，另外一人只有 14% 的機會亦患上癌症。另一方面流行病學的數據顯示，移民從低患癌率的國家移居到高患癌率的國家後，他們的患癌風險也明顯提高了。而且事實上很多研究報告包括 2015 年《自然》科學雜誌發表的研究顯示，最高達到 90% 的癌症是由生活方式所支配。所以根據以上種種因素看來，環境比遺傳因素對患癌風險具更大的影響力。

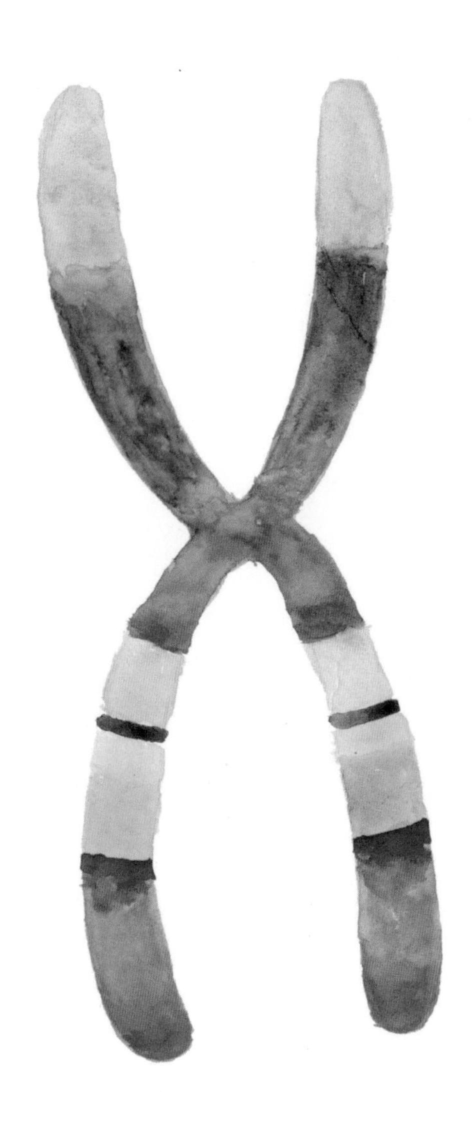

Chapter 1
生活密碼

世界衞生組織指出3份之1的癌症病例是源於外在因素，包括生活習慣及飲食風險等。在英國達40%的癌症是受生活習慣所影響，此外亦有研究顯示患上乳癌、前列腺癌、肺癌等的機率在較為落後的地方比先進國家多2-5倍。

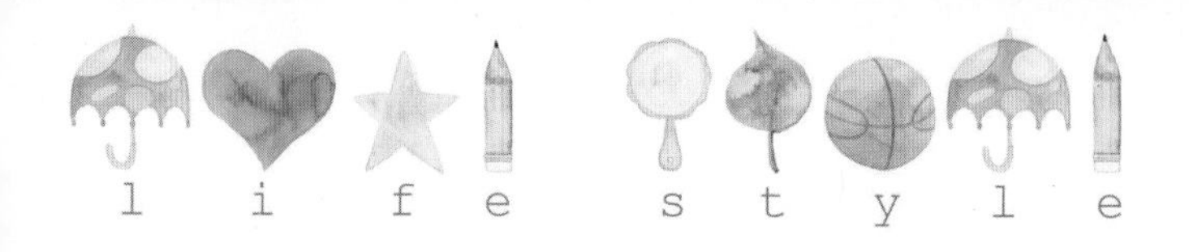

密碼 1

掌握自己的健康情況可先發制人

健康毛病一般來説可能是身體機能老化或神經、荷爾蒙分泌或免疫系統等不平衡的表徵，亦可以是生活習慣病的前期症狀。如果把這些症狀置之不理，假以時日它們變得越來越嚴重的話，「病名」例如高血壓、糖尿病、心肌梗塞、中風等就很有可能會在不久的將來出現，與此同時亦有可能醞釀出癌症來。

如果閣下在以下情況中有 3 項或以上的話，就必需及早積極改善健康：

- □ 容易頭暈
- □ 容易頭痛
- □ 體力衰退
- □ 疲倦感覺難以消除
- □ 中午過後感到強烈睡意
- □ 經常傷風感冒
- □ 早上不容易起床
- □ 晚上容易失眠
- □ 精神難以集中
- □ 記憶力衰退

密碼 2 注意身體的異常，捕捉癌症的徵兆

根據「英國癌症研究中心」（Cancer Research UK）的數據，早期癌症確診比起晚期才確診的，能把癌症的 10 年平均生存率由 26% 提高到 81%！可惜絕大部份的病例都是很遲才發現。每年的身體檢查是必要的，另外還需要注意一些身體變化，當然有以下這些問題也不一定代表是癌症的徵兆，但值得注意：

☐ 沒有原因的體重下降

如果生活習慣沒有大改變，但體重明顯下降（接近 10%），應請醫生作詳細檢查。

☐ 不能緩解的疲累

一般來說休息過後就能把疲勞舒緩，但如果患上癌症，癌細胞繁殖迅速所以會消耗能量，而且某些癌細胞會引起內出血或血鈣提高而令人感到疲累不能緩解。

☐ 異常出血

大便出血，例如大便顏色如果變深啡色或黑色，血尿或女性非生理期間的出血都要注意。皮膚如果有小損傷而未能迅速止血也要留意。

☐ 持續的疼痛

不論是任何部位或器官，如果疼痛持續就要盡早諮詢醫生。

☐ 持續的發熱

初期血癌或淋巴症會引起發熱，而在已擴散的癌症則更為普遍。

☐ 咳嗽不止

肺癌和喉癌容易引起持續的咳嗽，前者通常伴隨著胸悶或喘不過氣的感覺。另外如果咳嗽伴隨著聲音嘶啞可以是喉頭癌的徵兆。

☐ 吞嚥困難

吞嚥困難、口咽部不適、進食後胸骨疼痛等可以是食道癌、胃癌或喉癌的徵兆，但大多數時候是其他原因引起的。

☐ 口腔變化

口腔或舌頭如果持續在同一個部位出現白斑或潰瘍，可以是「黏膜白斑症」（leukoplakia），它是癌變前細胞的改變，在吸煙人士身上的發生率尤其特別高。

☐ 耳部異常

耳鳴或聽力下降。

☐ 鼻部異常

鼻塞、鼻涕帶有血絲、鼻部疼痛，並伴隨著頭痛、嘔吐、頸側淋巴腫大或視力下降等。

☐ 腹脹

持續的腹脹、缺乏食慾等。

☐ 身體出現硬塊

身體任何部位例如頸部、腹部、四肢、乳房等出現硬塊都必需正視。

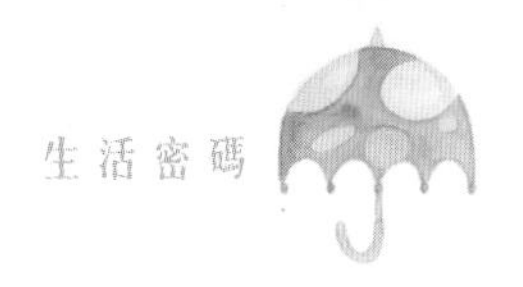

☐ 皮膚出現異常

皮膚一些會變化的異常色素、痕癢、剝落、痣、瘻等，或不能癒合的傷口等。

☐ 乳房出現異常

乳房或腋下出現硬塊、皮膚增厚、發紅或其他改變，或乳頭凹陷、出血或流出分泌物等。男性的話乳房脹大。

☐ 排尿異常

尿意頻繁、排尿困難、排尿時感到疼痛、排尿完畢仍有排不乾淨的感覺、血尿等，可以是前列腺腫大或前列腺癌所引起的。

☐ 陰道分泌異常

分泌物改變或增加、或不規律的出血。

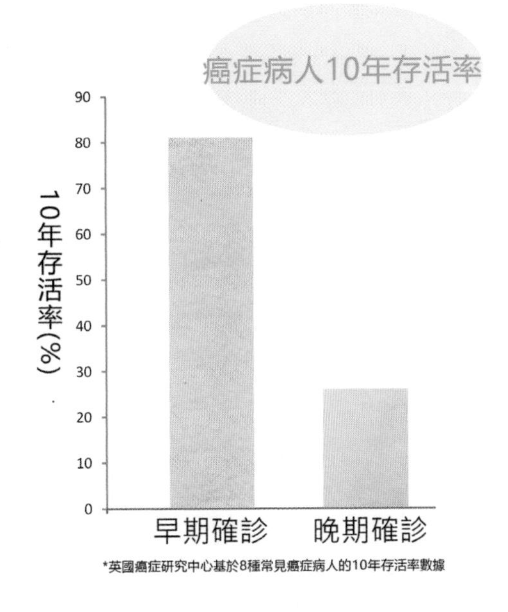

密碼 13

家族的癌症病歷必需要知道

平均來説癌症的遺傳因素佔的比重大概為5-10%，並不算高，而且即使家族有遺傳性癌症也不代表一定會患上癌症，但了解家族的遺傳背景仍是重要。

每當家族中出現即使只是一位癌症患者，大家傾向認定這家族持有患癌基因，但實情是怎樣呢？其實根據美國國家癌症研究所及「美國癌症學會」（American Cancer Society；ACS）的指引，如果有以下任何一個情況出現，才是有遺傳性癌症風險的「可能」（即是並非100%絕對）：

- 癌症在年輕時期發生
- 在一個人身上有超過一種癌症分別在不同器官內出現（例如乳癌及卵巢癌）
- 在對稱的器官同時出現癌症，例如2個腎臟或2個乳房
- 2位或以上的近親有同樣的癌症（例如母親、女兒或姊妹有乳癌）或在病因上相關的癌症（例如因為遺傳了同一個基因突變而引發乳癌或卵巢癌）
- 罕見的癌症在2位或以上的近親身上出現（例如腎臟癌）

- 在 2 位或以上的兄弟姊妹身上出現兒童癌症（例如「肉瘤」（sarcoma））
- 在某性別出現非常罕有的癌症，例如男性患上乳癌
- 一些和遺傳性癌症有關的出生缺陷，例如良性皮膚瘤或骨骼異常
- 屬於某個有高風險遺傳性癌症的種族或民族，同時有以上任何一個或更多的情況

此外，在近親以外的親戚（例如叔或姨）身上出現的遺傳性癌症的基因比近親的（例如父母或兄弟姊妹）帶來的影響較少。而在複數的近親上出現同一種癌症通常比不同的癌症更具影響。

如果懷疑家族有遺傳性癌症的基因，可以考慮接受基因檢查。另外在前文曾指出，家族的共同不良習慣或嗜好（例如吸煙、喝酒等）的影響可以不下於遺傳病。

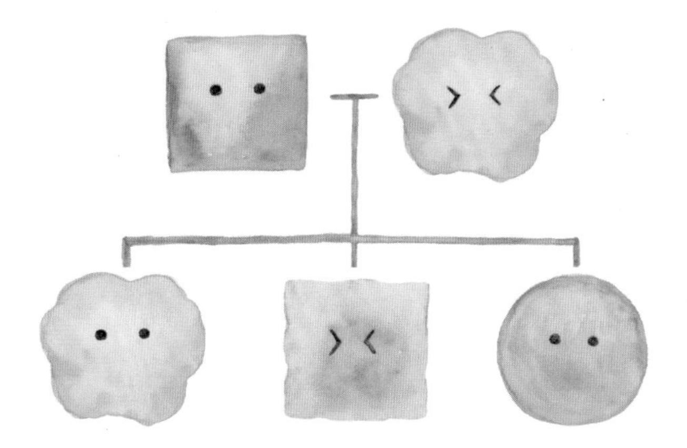

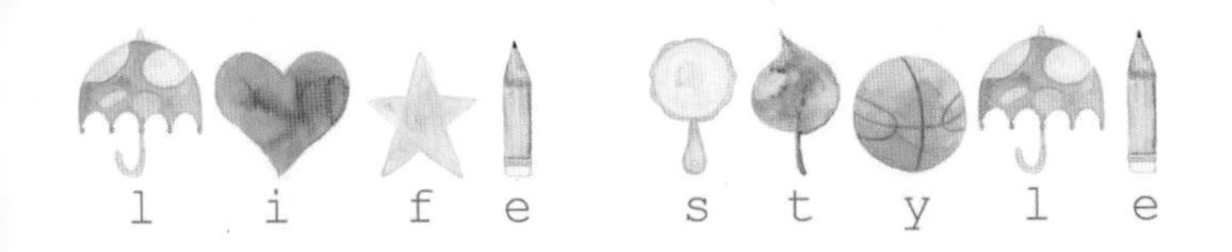

密碼 14 保持 BMI 在 23 以下能預防多種癌症

保持纖瘦體型對防癌功效甚大。

肥胖已被證實會提高患上一系列癌症的風險，包括乳癌、大腸癌、直腸癌、子宮內膜癌、食道癌、腎癌及胰臟癌等。有研究顯示如果把體重減少 5-10%，就可以把乳癌風險減少 25-40%。

「身體質量指數」（body mass index；BMI）是由世界衛生組織所訂，暫時來說仍然是最被廣泛使用的肥胖指標（雖然它未能反映出脂肪比例）。研究顯示 BMI 和患癌率成正比。以乳癌為例，BMI 超過 35 的女性患上「侵略性」（invasive）乳癌的機會比體重屬正常範圍的女性高達 60%。另外美國國家癌症研究所的資料亦顯示在美國如果每位成人把他們的 BMI 減少 1%，即大概減 1 千克體重，就已經可以在 2030 年來臨時減少達 10 萬件新癌症個案。

為什麼肥胖和癌症有如此緊密的關係呢？脂肪細胞分泌一些稱為「脂肪細胞因子」（adipokines）的荷爾蒙，而其中的「瘦素」（leptin）雖然對新陳代謝及免疫功能十分重要，但分泌量過多會引起炎症，而且實驗結果顯示它和癌細胞生長有關。脂肪組織也分泌女性荷爾蒙「雌激素」（estrogen），它如果處於高水平會提高乳癌及子宮內膜癌等的風險。

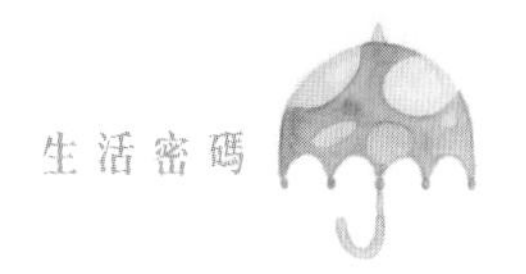

此外脂肪組織亦分泌「促炎細胞因子」（proinflammatory cytokines）包括「白細胞介素 -6」（interleukin-6；IL-6）及「轉化生長因子 -beta」（transforming growth factor-beta；TGF-beta）等，令肥胖人士體內出現慢性炎症。加上肥胖亦會刺激分泌高水平的胰島素及「胰島素樣生長因子 -1」（insulin-like growth factor-1；IGF-1）等，這些物質都會促進炎症、細胞生長、基因突變、癌基因的活化或「血管新生」（angiogenesis）等，促進癌病變。此外脂肪過多也會削弱免疫力。

以亞洲人的標準來説，一般保持 BMI 在 23 以下最理想。另一方面如果 BMI 低於 18.5 亦會帶來危險，因為有數據顯示 BMI 低於 18.5 人士的死亡率比正常的高達接近 2 倍，而且會提高患上大腸癌的風險，及男性患上胃癌和肝癌等的風險。

BMI 的計算方式為：BMI ＝體重（公斤）／身高 ^{2}（公尺 ^{2}）

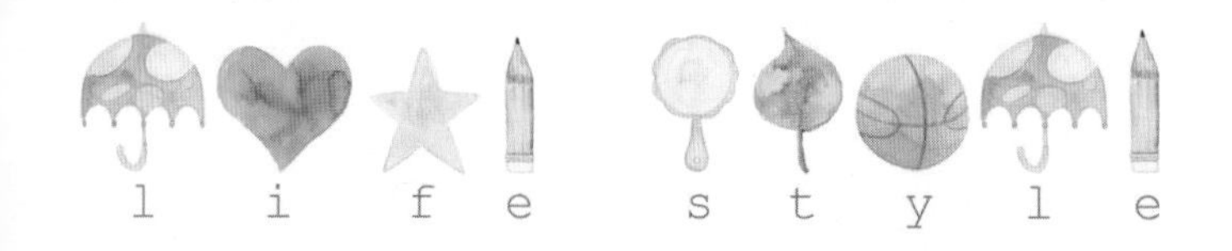

密碼 5

慢性炎症有機會引發癌症

發炎現象是一個幫助受傷的細胞或組織復原的必需而且正常生理反應。身體受到創傷的部位會釋出發炎物質，作用是召集免疫細胞來對抗細菌或病毒感染。與此同時，免疫細胞亦會釋放例如促炎細胞因子等，促進受傷細胞或組織的修補、癒合及繁殖。當傷口癒合後，炎症就會自動停止。

可是，如果炎症在沒有受傷的情況下發生，或不會自動停止的話，就是「慢性炎症」（chronic inflammation）的情況。慢性炎症會不斷傷害細胞，令細胞需要持續地進行修補或繁殖。每當細胞繁殖時，即分裂及複製自己，它的基因也會被複製，而在這過程裏錯誤就會無可避免地發生。換句話説，慢性炎症會增加細胞的基因的出錯機會，所以相對下會令正常細胞更容易演變成為癌細胞。

事實上，就以慢性腸道炎症例如「克隆氏症」（Crohn's disease）或「潰瘍性結腸炎」（ulcerative colitis）為例，這些患者患上大腸癌的風險也相對提高。慢性炎症的起因可以是細菌或病毒感染、免疫系統失去平衡或是上文提到的肥胖等。

Column

血管新生和癌症的關係

血管新生是嬰兒時期體內血管產生的過程，而在成長階段結束後，它就會跟著完結，只會在身體受傷或出現炎症時需要把血管或組織復原才會發生。

可是在癌細胞不斷增加而形成腫瘤以及擴散到別的器官時，血管新生也會被啟動。因為癌細胞為了吸收更多營養及協助癌細胞轉移，會分泌一些稱為「血管新生因子」（angiogenic factors）活化血管新生的物質，從而製造新的血管。所以防止血管新生的習慣或飲食有助抑制癌症，而科學家亦針對抑制血管新生的機理來研發抗癌藥物。

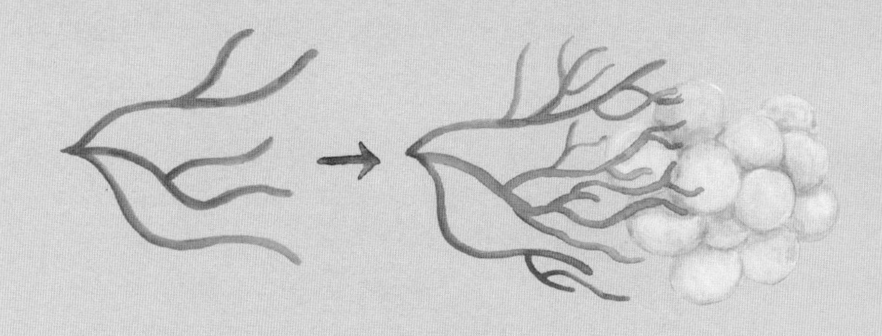

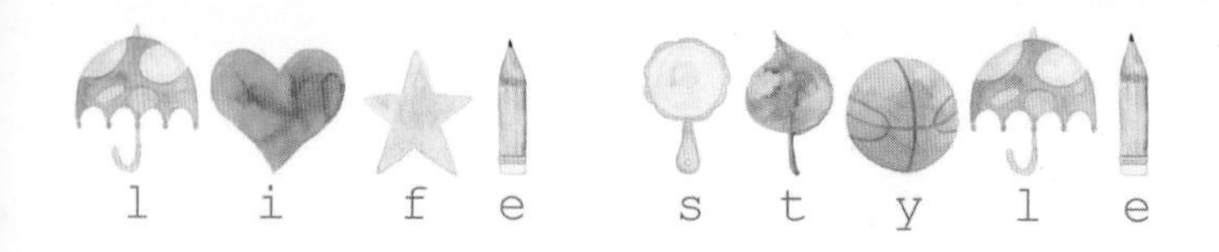

大肚子很危險

前文提到保持 BMI 在 23 以下能預防癌症，但也有例外。因為有少數人士即使其 BMI 屬於標準，可是腰圍比例卻偏大，即「中央肥胖」，也是不利防癌的體型。

中央肥胖體型的脂肪都藏在內臟包括肝臟、心臟、腸道、脾臟及卵巢等和周圍，稱為「內臟脂肪」（visceral fat）。內臟脂肪相對於集結在四肢的皮下脂肪不一樣，內臟脂肪密度高，會阻礙氧氣供應而令器官缺氧。內臟脂肪亦是十分活躍的組織，被公認為好比一個內分泌的器官，會大量分泌各種荷爾蒙及引起炎症的物質，令內臟及血管發炎受傷，提高細胞演變成癌細胞的風險。這些引起炎症的物質也會促進血管新生，有助供應營養給癌細胞及協助癌細胞轉移。

此外，脂肪本身是比較冷的組織，會降低內臟溫度而減慢代謝。脂肪亦是容易儲存有害物質和毒素的細胞，當這些物質釋出時，就會直接影響鄰近器官。

中央肥胖通常可以從腰圍比例寬的外觀就看出來。嚴格來說，適中的腰臀比例（腰圍 / 坐圍）為 0.8，如果超過 0.8 就代表內臟脂肪過多，即典型的「蘋果型」身材。另外腰圍數字也可估計腹部內脂肪的積聚量；按照世界衛生組織對亞洲人的腰圍尺寸指引，女生腰圍不建議超過 80cm（約 31.5 吋）。

中央肥胖一般是由生活習慣造成，例如欠缺運動、經常坐著、暴食或愛吃高熱量或「醣類」（carbohydrates）食物例如白飯、粉麵、麵包、肉類、油炸食物或甜吃等，以及少吃蔬果等。

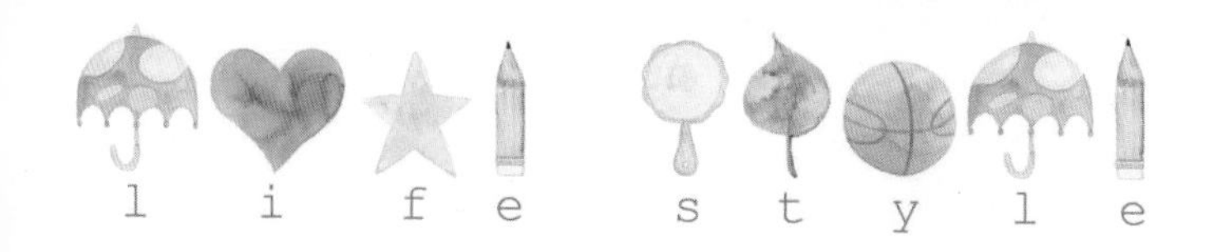

密碼 7

體重重複反彈會積聚內臟脂肪

不少女生差不多一生也和體重作戰，主要原因通常是因為她們總是減了點體重後又反彈。

出現這現象一部份的原因要歸咎於不適當節食加上欠缺運動的減重方法，結果令脂肪和肌肉兩者都一起減少。可是當體重反彈時因為只有脂肪會增加，而肌肉量卻維持一樣，所以即使回復本來的體重，脂肪卻會比之前增加。如果持續反覆地節食減重又反彈的話，稱為「體重循環」（weight cycling），脂肪就越積越多；而這些脂肪除了是皮下脂肪外，也藏在內臟和內臟周圍，即內臟脂肪，會提高患上癌症及心臟病等疾病的風險。事實上數據反映體重循環會提高子宮內膜癌、淋巴癌及腎癌等風險。

缺少肌肉會令「基礎代謝率」（basal metabolic rate）下降，而基礎代謝是「即使身體整天也靜止不動，但仍須要為維持基本的功能例如心跳、呼吸、維持體溫和血液循環等而消耗的熱量」。因為基礎代謝約佔總能量消耗的 60-70%，所以它必需維持在高水平才能保持不會令人容易變胖。所以，減重除了從飲食方面著手外，一定要鍛鍊肌肉才能保持穩定，這樣也同時避免增加脂肪比例而提高患癌風險。

密碼 8 睡眠質量影響深遠

2016 年一份綜合了 72 份研究、以 5 萬多人為對象的報告作出明確的結論：睡眠質素差、失眠又或是睡太多會提高體內炎症水平。

睡眠質量低會令體內免疫細胞的 T 和 B 淋巴球以及「自然殺傷細胞」（natural killer cells；NK cells）減少，削弱防癌力及抵抗病菌的能力，同時也會令「粒細胞」（granulocytes）增加，而粒細胞過多會造成對自身細胞錯誤攻擊。睡眠質量低也會減少免疫系統中的「白細胞介素 -1」（interleukin-1；IL-1）和「腫瘤壞死因子」（tumor necrosis factor；TNF）等物質的分泌，前者有助抑制炎症，而後者則是超級癌細胞殺手。

此外，我們身體擁有天生的自癒力，而睡眠時就是它發揮得最佳的時間。睡眠時腸道活躍起來製造廢物準備排泄，受傷或老化細胞被清除。

睡眠也會影響食慾、免疫系統、新陳代謝、氧化反應系統和炎症等。良好的睡眠質素有助維持睡眠時分泌的「成長荷爾蒙」（growth hormone），它能促進新陳代謝、延緩衰老及強化免疫力。睡眠也刺激其他荷爾蒙的分泌包括「褪黑激素」（melatonin）、「催乳素」（prolactin）和「甲狀腺素」（thyroxine）等，它們全是促進健康和延緩衰老的要素。

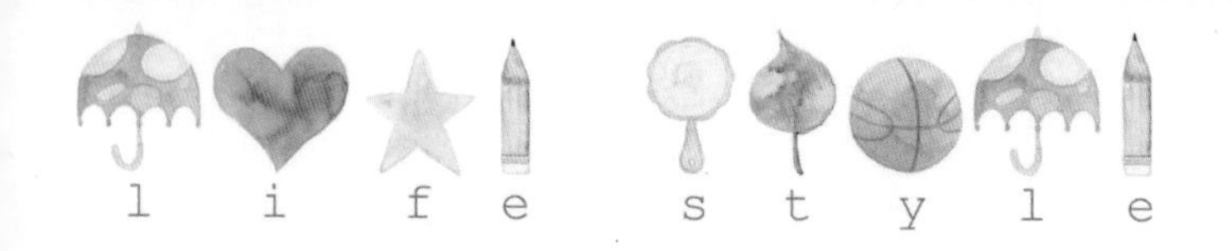

密碼 9 每天睡 7 小時左右是黃金法則

睡眠的重要性令大家普遍認為睡得越多越好，但原來並非如此。事實上，理想睡眠時間的長度的範圍相當狹窄。

研究顯示睡得太少或太多也會增加患癌風險。睡眠時間少於 6 小時的話，乳癌及大腸癌的風險會增加接近 50%，而且較多出現的乳癌性質是較為侵略性，復發率亦較高。另一方面，睡眠時間多於 10 小時的話，乳癌風險亦同樣會增加超過 20%。另外，每天睡 10 個小時比每天睡 7 個小時的死亡率高 3.5 倍，而 2010 年一份調查報告綜合 16 個不同的研究結果發現，睡眠超過 8 小時則會帶來高 30% 的死亡率。為什麼睡得太多也不利健康呢？主要原因之一是過長睡眠會擾亂人體生理時鐘的韻律以及干擾荷爾蒙分泌的平衡。

綜合各方面的調查結果，7 個小時左右的睡眠似乎最有益。事實上根據研究結果顯示，每天睡 7 個小時左右的人最長壽。

密碼10 生活規律是王道

生活作息有規律是維持健康的要訣。我們每天睡眠與清醒的週期依從位於腦部俗稱的「生理時鐘」，即「晝夜節律」（circadian rhythm）的指令進行，它也負責調節體溫和血壓、荷爾蒙分泌和尿液的生產、基因的表達等，以維持身體處於正常而且平衡的狀態。

生理時鐘和每天光線的變化跟生活節奏同步，所以輪班工作、旅行的時差、噪音、不定時進食等就會干擾生理時鐘而嚴重破壞身心健康。另外睡眠不足和睡眠過多的日子之間的差異太大也會擾亂生理時鐘的正常運作，干擾自律神經和荷爾蒙分泌的平衡。因此研究發現輪班工作者有分別高 25% 及 33% 因為肺癌或大腸癌而死亡的機率。所以世界衛生組織轄下的「國際癌症研究機構」（International Agency for Research on Cancer；IARC）把輪班工作列為二級致癌物（group 2A），即有可能在人體引起癌症。

持續的睡眠不足會令身體的損傷無法及時修補，腦部亦未能攝取充足的休息，受傷或老化細胞堆積下來，荷爾蒙分泌失衡，會嚴重影響其他生理機能。如果不增加每天的睡眠時間，這些小損害累積起來就會嚴重削弱自癒機能，變成無法彌補的大創傷了。

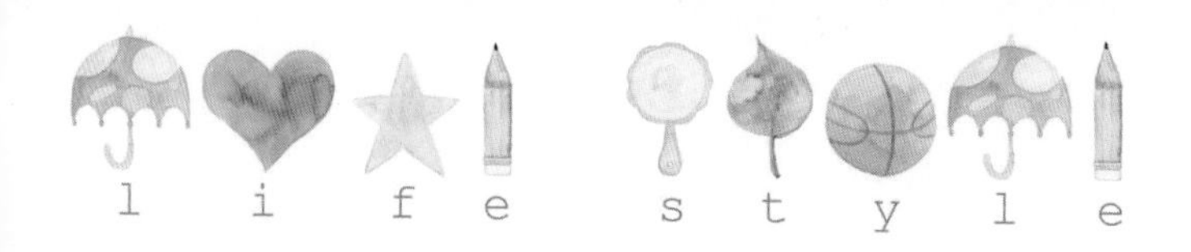

晚上應減少燈光照明

如果可能的話，建議晚上把燈光稍為調暗一點，有助維持好睡眠之外，也有防癌效益。

「褪黑激素」（melatonin）是促進睡眠的重要物質，並且能抗氧化，所以有保護細胞的作用。褪黑激素也能強化免疫系統和自癒系統以清除癌細胞或修復受損細胞，以及令癌細胞啓動「細胞凋亡」（apoptosis）的機制，所以能預防癌症。此外，褪黑激素也有抑制女性荷爾蒙雌激素的功能，所以有助減低乳癌風險。

褪黑激素的分泌受光線所抑制，所以晚上的燈光照明會嚴重影響褪黑激素的分泌。哈佛大學的一個實驗顯示，晚上睡眠時不關燈但把燈光調暗，平均會抑制褪黑激素的分泌量超過 70%！而在某些人士身上更達到 100%！另外隨著年齡增長，褪黑激素的分泌會下降，而當人到了 60 歲時褪黑激素的水平會下降到最高峰時期的 10% 左右（從長者的睡眠時間變短可見）。所以我們有必要保護褪黑激素的分泌。

睡前 2 小時開始適宜減少用強光照明。另外晚上也應減少使用發光的電子產品、電腦或電視等，如必需使用時請配戴隔藍光的保護眼鏡，睡房適宜用上遮光度高的窗簾布，或睡覺時戴上舒適、用黑色布做的眼罩。

事實上，研究顯示夜班工作的人士的患癌風險平均高超過 30%，而夜班工作的女性患上乳癌的風險也有相近的提高。

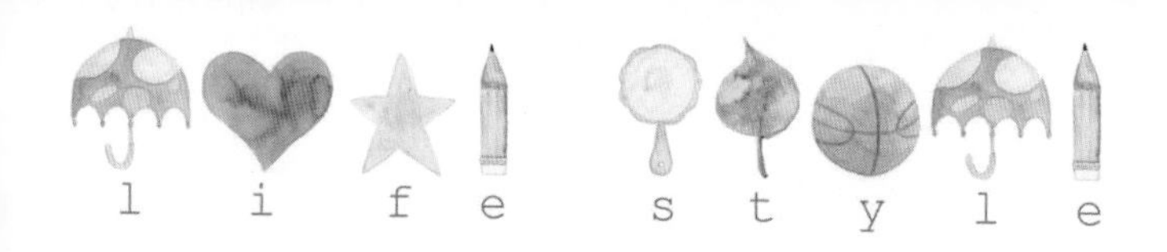

密碼 12 日間應多接觸陽光

為什麼我們在陽光燦爛的天氣下出外散步，心情會變得愉快輕鬆，但在陰雲密佈的天氣下做同樣的事情卻沒有相同功效呢？其中一個主要原因是陽光刺激體內分泌被稱為「幸福荷爾蒙」的「血清素」（serotonin），它會令人感到快樂及輕鬆。

事實上，研究發現「腦脊椎液」（cerebrospinal fluid）中低水平的血清素和自殺率成正比，另外超過 10 天以上連續的晴天和自殺率有著反向關係。此外利用強光代替陽光治療抑鬱症狀的「光線療法」（light therapy）亦被證實有效。

如果白天時常關在黑暗的房間，或無時無刻也戴上太陽眼鏡，血清素就會被抑制。血清素亦是上文提到的褪黑激素的前驅，所以早上起床後盡快拉開窗簾讓光線照射進室內，有助確保晚上有充足的褪黑激素的分泌，促進入睡及保護細胞。

松果體也有調節其他荷爾蒙的功能，例如光線會透過松果體增加皮膚裏「黑色素」（melanin）的分泌。我們需要一定程度的黑色素，因為它具有保護身體免受紫外線的傷害的重要作用，否則皮膚癌會很容易發生。所以日間應該多點接觸陽光，活化松果體，同時要做好保護措施，防止皮膚及眼睛直接接觸到陽光。

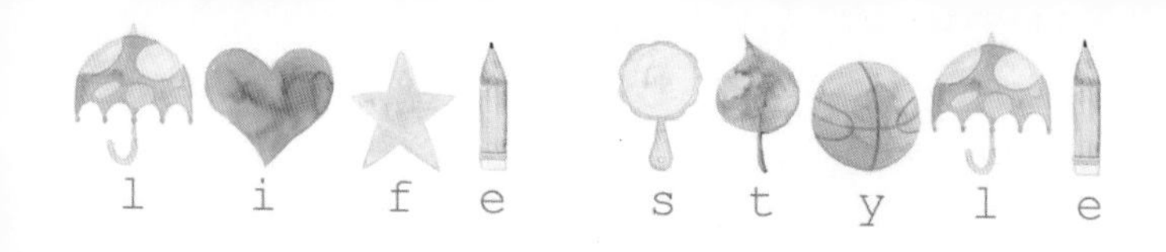

密碼 13 睡眠窒息症有可能提高癌症風險

大家有沒有家人或者碰見過一些人睡覺時打鼻鼾會夾雜著一些停頓，然後大力吸氣，跟著再繼續打鼻鼾呢？這些人士很有可能患上了「睡眠窒息症」（或稱為「睡眠呼吸中止症」）（sleep apnea）。睡眠窒息症是一種睡眠時呼吸停止的睡眠障礙，據估計平均 15 位成年人約有 1 人會患上，而近年亦被發現會發生在兒童身上。在美國估計有達 1 千 800 萬人患有睡眠窒息症。

睡眠窒息症患者在睡眠時會出現超過 10 秒以上的無呼吸或口及鼻的換氣量減少一半，而導致缺氧的情況出現。不少研究報告指出睡眠窒息症會提高患上高血壓、中風及抑鬱症的風險，而且亦有機會提高罹患癌症的風險。

癌細胞在即使氧氣充足的環境下傾向使用不需要利用氧氣的「醣酵解」（glycolysis）來製造能量，被認為有助它們準備應付形成腫瘤時缺乏氧氣供應的情況。缺氧的環境會對正常細胞造成傷害，但卻促使癌細胞改變代謝方式來維持其生長，例如進行更多的醣酵解。另外「麻省理工學院」（Massachusetts Institute of Technology；MIT）一份實驗報告顯示，癌細胞即使缺乏足夠氧氣供應仍然能夠生存的其中一個原因，是缺氧會刺激它們轉而利用「氨基酸」（amino acids）而不是葡萄糖去製造油脂。近年的研究亦陸續發現原來缺乏氧氣供應會刺激癌細胞的某些基因的表達來適應環境。

缺氧的癌細胞也會刺激周邊的血管新生。因為缺氧情況會刺激「血管內皮細胞生長因子」（vascular endothelial growth factor；VEGF）的分泌，而 VEGF 的高水平會刺激癌細胞的血管新生。所以一般來説擴散的癌腫瘤都會分泌大量的 VEGF，所以一些抗癌藥物是以抑制 VEGF 來發揮作用。所以簡單來説，腫瘤比正常細胞能適應缺氧情況，因為它們可以利用增加血管數量或改變代謝方式等來吸收養份。

在臨床上大部份報告也指出睡眠窒息症和癌症風險有關，包括睡眠窒息症會提高患癌風險 2.5 倍，及提高癌症死亡率 2-4.8 倍。雖然暫時為止其中有一份報告未能發現分別，但綜合來説也值得注意。

睡眠窒息症的症狀包括打鼻鼾、渴睡、專注力下降、高血壓及心血管病等。如果和別人一起睡的話，可請對方觀察自己的睡眠，或用錄音方法記錄。患有睡眠窒息症的話，鼻鼾會突然停止 10-20 秒，然後大力吸氣，跟著再繼續打鼻鼾。此外亦有少數病例是完全沒有鼻鼾，但呼吸也會出現短暫停止。

治療方法視乎個別情況，輕微的話例如減重、減少喝酒、戒煙或改變睡眠姿勢等能幫助改善。如果比較嚴重的話可能要使用幫助呼吸的用品或機器，最終才利用手術治療，但是可能產生副作用。

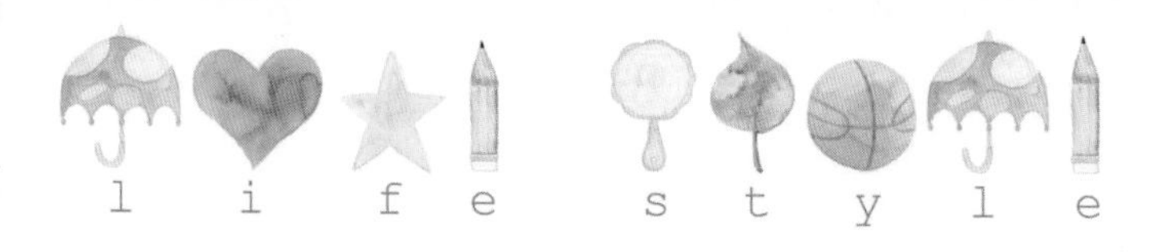

密碼 14

時常坐著的女性較容易患癌

2015 年美國癌症研究所一項針對超過 7 萬名女性的研究發現，每天坐 6 小時以上的女性較每天坐少於 3 小時的女性，平均有高 10% 的患癌風險。她們患上「多發性骨髓瘤」（multiple myeloma）的機會高達 65%，而患上卵巢癌的機會則高 43%！在此之前，不少報告亦指出，不論男女，經常坐著會提高疾病及死亡率。

另一方面，眾多研究指出身體活動有助於預防癌症。例如活動多的人士有低 30-40% 患上大腸癌的風險；而每星期只走路 3 小時已經能降低因為乳癌的死亡率，6 小時則能降低大腸癌的死亡率。另外完全沒有運動的女性比每月運動 4 次的有高 2.5 倍患上子宮頸癌的風險。即使是輕鬆的競步，報告顯示前列腺癌的患者如果每星期競步超過 90 分鐘，就可以減少死亡率達 46%。

美國「疾病控制和預防中心」（The Centers for Disease Control and Prevention；CDC）建議成人每星期至少有 5 天進行 30 分鐘的中等強度的體力活動。我們可以選擇多步行少坐車、把車停泊遠一點、多使用樓梯、多做家務等。如果工作需要時常坐著，建議每隔 1 小時停一停，站起來或走路 2 分鐘，如果可以加上些伸展動作會更好。

密碼 15 勉強自己做不喜愛的運動對健康無益

勉強做不喜愛的運動亦會刺激壓力荷爾蒙皮質醇的分泌，增加氧化物質而傷害細胞、削弱免疫力和引起炎症。相反，做自己享受的運動則會刺激體內分泌成長荷爾蒙、「脫氫表雄酮」（dehydroepiandrosterone；DHEA）及血清素等，這些荷爾蒙有增強免疫力和釋放壓力的功效。

大家不時會「為了健康」而做些不享受甚至令自己感到辛苦的運動。其實根據科學，實在沒必要強迫自己，反而隨著心情選擇喜愛的運動才真正對健康有益。

運動亦會刺激體內分泌能令人感到快樂、能鎮靜情緒及止痛的「內啡肽」（endorphins）。免疫自然殺傷細胞負責在體內巡邏時把遇到的癌細胞攻擊，所以它對預防癌症有舉足輕重的影響。自然殺傷細胞的表面表達著對應內啡肽的「受容體」（receptor），所以運動能提高自然殺傷細胞的活性，從而幫助預防癌症。另外研究顯示集體運動比獨自做運動令身體分泌更多內啡肽。

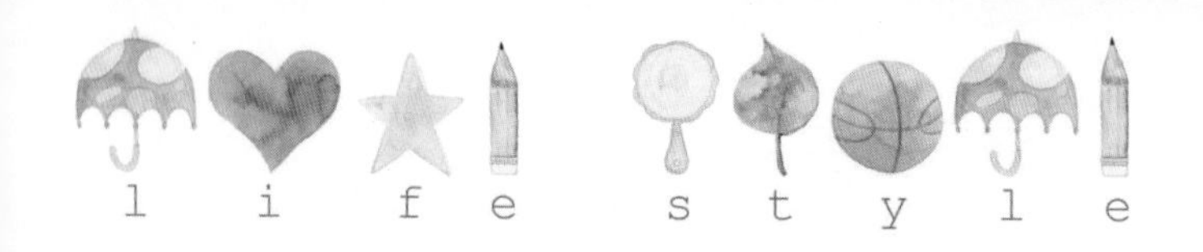

密碼 16

1星期緩步跑2.5小時，提升抗氧化力

緩步跑是美國疾病控制和預防中心推薦的運動之一，它能刺激循環系統，鍛鍊心肺功能。美國國家癌症研究所的研究亦顯示一些帶氧運動包括緩步跑能夠減低患上大腸癌、乳癌、肺癌及前列腺癌等風險。

緩步跑比快速的跑步健康。研究顯示，經常快速的跑步（1 小時大概 11 公里）的人士跟完全沒有跑步的人士的死亡率是一樣，相反短程的競步或緩步跑卻能夠減低死亡率 78% ！因為快跑是一種吃力、令心跳急劇加速的運動，它會比靜止時消耗數倍至數十倍的氧氣。氧氣吸入多了自然亦會產生更多「活性氧」（reactive oxygen species；ROS），導致衰老和破壞免疫力。相反緩步跑是輕鬆、不令呼吸變得急促的運動，所以產生的活性氧少但卻能提高身體的抗氧化功能，以及強化體魄和刺激荷爾蒙分泌。

1 星期到底要緩步跑多少才夠呢？研究顯示 1 星期 5 天、每天跑 30 分鐘就可以預防癌症，又或是 1 星期 3 天、總共跑 2.5 小時可以減低死亡率。正確的緩步跑姿勢要保持身體挺直，手肘微微彎曲，兩臂自然前後擺動。另外應先用腳跟著地，然後借助腳前掌的力量再跑第二步，並同時保持步幅適中。

大家可以考慮在上下班途中穿上球鞋緩步跑 15 分鐘到遠一點的車站乘車。利用跑步機作緩步跑亦是可行，只是數據顯示相比戶外跑步，後者更能提高能量水平及改善心情，所以對預防癌症功效會更理想。

Column

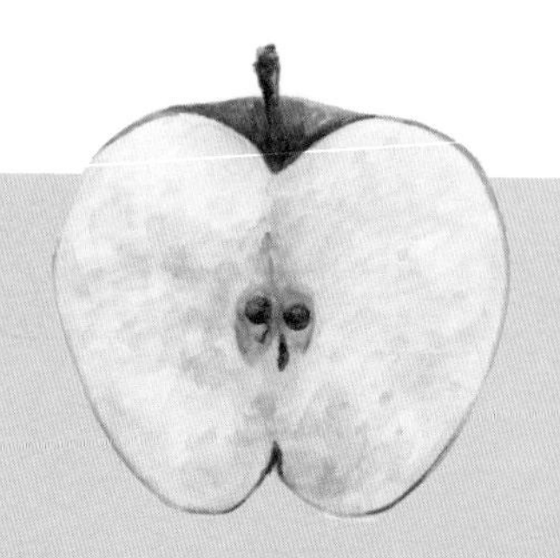

氧化是什麼？

一支生鏽的鐵釘、一片去了皮而變黃的蘋果，都是肉眼可見的「氧化反應」（oxidative reaction）的證據。氧化反應無處不在，連我們的皮膚及體內的細胞也不例外。

「游離基」（free radicals）是引起氧化的元兇，它的構造令它處於極不穩定的狀態，必需從其他份子搶奪電子來穩定自身。游離基有很多種，和氧氣有關的游離基稱為「活性氧」（reactive oxygen species；ROS），它的氧化力在游離基中特別強烈。我們呼吸每一口氣、吃每一口食物，都會在體內因為新陳代謝而發生電子轉換並轉變成能量，而這過程中會有 2-3% 的氧氣變成活性氧。活性氧其實在生物系統的正常運作中擔任重要角色，但如果它的水平太高的話，就會攻擊基因，從它們搶奪電子，結果令細胞出現突變，增加癌症產生的機會。活性氧也會在體內各處產生炎症，也會干擾荷爾蒙平衡及令免疫系統的細胞氧化，削弱免疫力。

環境因素及某些習慣或食物例如壓力、疲勞、紫外光、化學物質、空氣污染、電子輻射、吸煙、加工或氧化了的食物、飲酒過量、劇烈運動以及手術等會引發大量活性氧的產生。

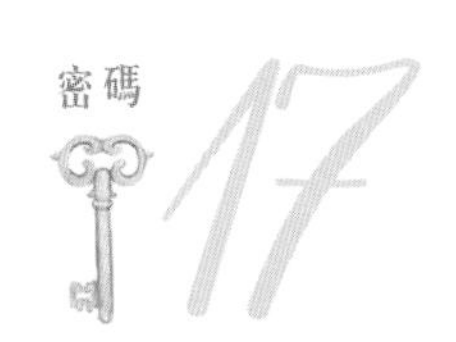

密碼 17 鍛鍊肌肉也能防癌

雖然鍛鍊肌肉是無氧運動，但無氧運動也像帶氧運動一樣可以防癌，實驗結果顯示無氧運動能縮小癌腫瘤及增強免疫功能。事實上鍛鍊肌肉會產生「乳酸」（lactic acid），它能刺激成長荷爾蒙的分泌，為我們保持年輕、增強免疫力和骨密度。另外因為肌肉消耗的熱量迅速，所以藉由鍛鍊肌肉提高肌肉量來提高基礎代謝率，造就不易長胖的體質，有利預防癌症。

肌肉鍛鍊可配合伸展運動，它有助血液循環。另外我們的身體佈滿了淋巴腺，好讓淋巴液免疫細胞巡邏全身。肌肉鍛鍊能促進淋巴液的循環，讓免疫細胞能到達身體各處把病毒、受傷細胞及癌細胞等消滅。

鍛鍊肌肉的方法很多，例如伏地挺身、仰臥起坐，利用啞鈴、橡皮膠帶或其他運動器材進行阻力訓練等。另外日常生活中腹部、大腿、背部比較少活動，多鍛鍊這些部位的肌肉能有效率地提高基礎代謝力。此外肌肉需要時間修復，所以建議鍛鍊同一組肌肉之間應休息 2 天。

密碼 18

血液循環順暢能防止身體機能退化

為什麼年紀漸長身體各樣機能就會衰退、容易患病、皮膚會老化，還會出現黑眼圈、白髮、水腫、肥胖及疲倦等問題呢？

細胞老化是其中一個主要的原因，而血液則是維持細胞健康年輕的關鍵。血液負責把氧氣及營養輸送到每一個細胞，也能把二氧化碳、毒素及廢物等排出。但隨著年紀增長，血管尤其是毛細血管會變窄及失去彈性，令「微循環網路」（micro circulation network；即在器官及組織內毛細血管的血液循環及毛細淋巴管的淋巴循環）受阻。微循環網路的狀態除了主宰細胞及器官的健康，也會對血壓、水腫、荷爾蒙分泌及免疫力等構成影響。微循環衰退普及化是年輕的人的亞健康狀態以及很多慢性病的原因。

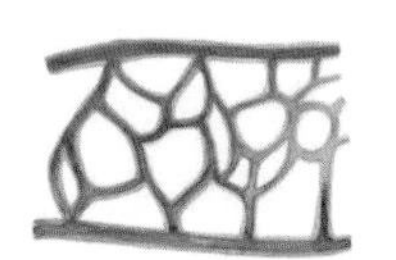

保持血液循環順暢的 10 個小習慣：

- 多活動肢體
- 多運動
- 定期接受按摩
- 多喝水
- 少喝酒
- 吃有助血液循環的食物
- 避免穿著太貼身的衣服鞋襪
- 浸半身浴
- 釋放壓力
- 切勿吸煙

密碼19 瑜伽促進淋巴循環

瑜伽是一項不需要特別用具，只要一個細小空間就隨時可以進行的運動，而且它集呼吸、伸展、重力、耐力、柔軟度、彈性及平衡等的訓練於一身，對身心帶來莫大裨益。研究發現時常進行瑜伽及「靜心」（或稱為「冥想」；meditation）能增加循環系統中對付癌細胞的淋巴細胞的數量。一份報告發現連續 12 星期進行每星期 2 次、90 分鐘的瑜伽，能增加乳癌患者的活力，並且減低體內的炎症「標記」（markers）達到 13-20%，有助抗癌。

瑜伽也是很好的減壓運動。調查發現一個 8 星期的瑜伽課程能減低唾液中皮質醇的水平、改善心理質素及增加正面情緒例如平靜感及意義感等。另外一份調查結果顯示，有進行瑜伽的人士中，85% 的人感到壓力減少，55% 睡眠質素改善，40% 有動力吃健康一點，25% 戒煙或減少抽煙等。

瑜伽中的伸展、倒立姿勢及扭動腹部的動作等特別能促進血液及淋巴循環，有助氧氣的輸送及免疫細胞的巡邏。瑜伽的動作也能擠壓及按摩內臟，有利於把毒素排走。因為骨髓是製造白血球包括免疫淋巴細胞的工廠，而瑜伽的重力訓練能強化骨骼，有助促進淋巴細胞的發育，強化免疫力。

跳彈床比跑步更有益

從觀察不少癌症康復者的見證就可以發現跳彈床是備受好評的運動。跳彈床的特別之處是它是一項全身的運動，並能產生對地心吸力的抵抗力，所以能刺激每一個細胞、強化骨骼、肌肉、器官及結締組織等。跳彈床比一般運動例如跑步更能燃燒脂肪、提高代謝及能量水平、促進血液及淋巴系統的循環，讓淋巴細胞及氧氣有效輸送到身體的各部位。

研究發現跳彈床能增加淋巴循環達 20 倍之多。美國「國家航空航天局」（The National Aeronautics and Space Administration；NASA）早在 80 年代已經指出跳彈床比跑步能輸送多 68% 的氧氣到身體，而且 10 分鐘的跳彈床比 30 分鐘的跑步對心臟及血管更有效益。此外同樣時間的跳彈床亦比跑步（1 小時 8 公里）消耗更多熱量，卻不容易令關節受傷。雖然暫時來說研究跳彈床的健康效益較少，但它的好處卻是親身體驗過的人都能感受到。

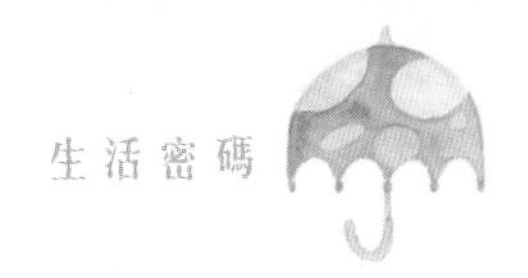

跳彈床對雙腿及關節的負擔少，所以適合任何人士，而習慣了的人甚至可一邊看電視一邊跳 30 分鐘也不感到疲倦或壓力。剛開始時可用普通力度，習慣了以後盡可能跳得高一些以及加上肢體動作、身軀的扭動或以單腳跳等，以達到更高健康效益。

家居的「小型彈床」（英文名稱為 rebounder），最少的直徑不到 90 厘米，不佔太多地方而且容易收藏。

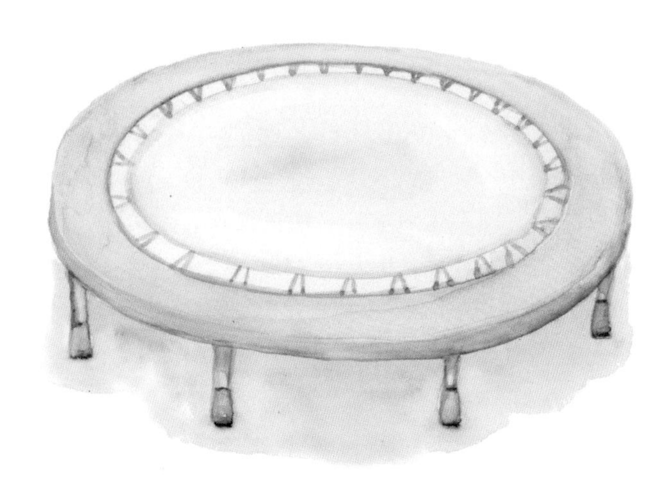

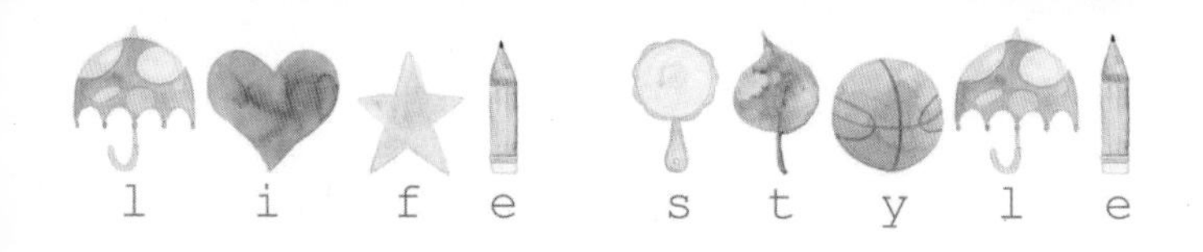

減少壓力是王道

美國的疾病控制和預防中心以及世界上眾多權威醫學院一致認為接近 90% 的疾病和壓力有關，而且眾多的研究指出壓力似乎和癌症有正向關係。例如因為離婚或喪偶等失去配偶的女性，有更大機會患上乳癌。此外在童年時曾經歷納粹大屠殺的人士有更高的患癌率等。一項歷時 24 年、針對接近 1500 位女性的調查發現，長期壓力令乳癌風險增加 1 倍。動物實驗顯示壓力令癌細胞的擴散增加 30 倍。

究竟壓力是如何破壞健康呢？壓力會令身體準備「應戰或逃跑」（fight or flight），這時自律神經的交感神經會啓動，令壓力荷爾蒙例如「腎上腺素」（adrenaline）和皮質醇等的分泌突然劇增，結果令心跳加速、血管收縮、提升血壓和血糖、加快呼吸等。如果是短暫的壓力的話，身體能自行調整生理機能而回復原狀，但長期而沈重的壓力，即慢性壓力，則會破壞健康。

壓力也會抑制免疫功能，包括削弱免疫系統中的自然殺傷細胞的活性及令「粒細胞」（granulocytes）數量增加。過多的粒細胞會攻擊自體細胞和產生活性氧，加速細胞老化和削弱免疫力。壓力會增加游離基的產生而損害基因。事實上患有「創傷後遺症」（post-traumatic stress disorder；PTSD）的人士，他們的控制免疫功能的基因有明顯的改變而導致免疫力減弱。壓力荷爾蒙也會影響身體的防癌機制，阻礙正常的細胞凋亡及遺傳基因的修補。

另一方面，一旦癌細胞出現了，壓力會促進癌細胞的生長、擴散及復發。壓力增加促炎細胞因子以及壓力荷爾蒙包括腎上腺素的分泌。研究發現這些物質會直接影響癌細胞，令它們更具侵略性或生長更快速。此外，在 2016 年的一個動物實驗中，清楚説明慢性壓力增加腎上腺素的分泌而刺激交感神經，結果促進淋巴腺的形成及調節其功能，加快腫瘤擴散的速度。

除此之外，壓力也從精神方面間接影響健康；壓力除了容易影響睡眠質素外，為了要逃避壓力人往往容易依賴一些高風險的習慣，例如吸煙、酗酒、暴食或吃不健康的零食、不做運動等。

壓力是人生中無法避免的一部份，但我們可以把注意力放在發掘每件事情美好的一面，以及視困難為正面的挑戰，把壓力減少或轉化為正面推動力。此外，在壓力開始增加時，積極找尋適合自己能放鬆心情的方法會有幫助。

Column

持續的抑鬱症會提高患癌風險

慢性壓力容易造成抑鬱症，有研究報告發現抑鬱症持續超過 6 年會提高患癌風險接近 90%。超過 9 份研究報告顯示長期的抑鬱症和乳癌風險有正面關係。另外亦有研究發現抑鬱症病人有高超過 60% 的患癌機率。

不少研究報告發現，抑鬱症病人的體內都有促進癌變的特徵，包括細胞膜明顯缺氧以及抗氧化物質水平低。但是經過治療後這些指數都回復正常，所以如果患有抑鬱症應該及早治療，有助減低患癌風險。

密碼 22 3招快速釋放壓力

累積壓力會破壞健康，所以必需盡快抒解。以下這3個方法有馬上釋放壓力的功效。

1）咀嚼口香糖

大家有沒有留意到不少運動員在等候出賽時會咀嚼口香糖？因為重複的咀嚼能刺激腦部血液循環及神經傳遞活動，帶來正面效益。不少研究證明咀嚼口香糖能改善情緒、疲倦及表現等，而其中一份研究報告顯示只要咀嚼口香糖超過10分鐘就能減少口腔內分泌的壓力荷爾蒙皮質醇，代表它有驅散壓力的作用。另外亦有研究發現有咀嚼口香糖習慣的人比沒有的，皮質醇的水平低16%。

咀嚼口香糖也會刺激大腦分泌「組織胺」（histamine），有助抑制食慾及促進脂肪分解。此外，咀嚼口香糖亦會刺激唾液的分泌，而唾液中含有很多對身體有益的物質例如抗氧化物質，而且更有「抗菌物質溶菌酶」（lysozyme）和免疫系統的抗體IgA等，有助防禦細菌入侵。

另外研究顯示每次飯後咀嚼口香糖20分鐘能預防蛀牙，但這效果限於無糖的口香糖。

2）腹式呼吸法

一般來説我們習慣用淺而短的胸式呼吸，而當我們感到疲勞和壓力時呼吸會變得更淺和短促，令交感神經緊張。腹式呼吸法讓我們練習深長的呼吸，重整自律神經，使「副交感神經」（parasympathetic nerve）主導，有助刺激血清素的分泌，減低血壓，馬上令情緒放鬆和舒緩壓力。如果有壓力導致的不適包括呼吸困難、心跳過快、頭痛、目眩和肌肉緊張等，腹式呼吸法都能迅速改善這些問題。

腹式呼吸法可以配合靜心，令身心進一步放鬆。靜心令腦電波呈現「α 波」（alpha wave）的模式，並降低壓力荷爾蒙的血濃度和刺激內啡肽的分泌，令人感到平靜。研究顯示靜心能強化免疫力，而且有靜心習慣的人在夜間能分泌更多延緩衰老和修復受損細胞的褪黑激素。

腹式呼吸法的具體運作如下：

1. 緊閉口部，以鼻子深深吸入空氣，填滿肺部，同時把腹部擴張，屏住呼吸 10 秒。
2. 慢慢地用 5 秒把所有的氣從口部呼出，同時把腹部收縮。
3. 重複 1 及 2 至少 10 次。

3）聆聽音樂

音樂被公認能影響精神狀態，研究發現聆聽音樂在某程度上可以好像藥物一樣改變腦部功能及生理狀態，包括令呼吸變深、心跳減慢、刺激血清素的分泌，而且甚至有止痛作用。聆聽比較快的音樂一般能夠提神及提高集中力，而比較慢的音樂則能令人平靜及放鬆下來。

至於什麼類型的音樂最能減壓？自己喜愛的音樂就是屬於自己的「power song」了！研究發現 1 分鐘以 60 拍左右的拍子的音樂可以令腦部與之「同步」（synchronize），然後產生 α 波的腦電波（即 1 秒的頻率為 8-12「赫茲」（hertz）），也就是一種能促進療癒的平靜的意識層次。另外，一些大自然的聲音例如雨聲、海浪聲、動物或雀鳥的叫聲等，亦被證實很容易令人放鬆心情。

此外，長期聆聽同一旋律的音樂會減弱它的減壓效果，所以建議不時轉換別的音樂聽聽。

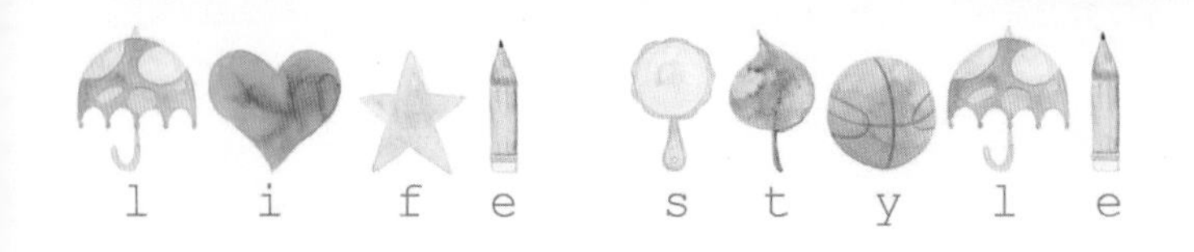

密碼 23

笑一笑，活化免疫細胞

原來小孩子每天平均笑300次，但成人每天平均只笑少於20次！

笑被形容為「體內緩步跑」（inner jogging），一點也沒錯，因為它的益處和緩步跑可謂不相伯仲。笑像緩步跑一樣會刺激體內分泌能止痛、鎮靜情緒及刺激免疫自然殺傷細胞的內啡肽，有助攻擊癌細胞及受到感染的細胞。

一個笑容能令副交感神經和交感神經交替，讓身心放鬆、體溫上升、並刺激大量神經傳達物質「乙酰膽鹼」（acetylcholine）的分泌。免疫淋巴細胞的表面正好表達對應乙酰膽鹼的受體，所以乙酰膽鹼的刺激會令免疫細胞包括B淋巴細胞活化及數量增加。活化了的B淋巴細胞能製造更多的抗體對抗細菌及病毒。因為一些癌症是由病毒感染引起的，例如能夠引起子宮頸癌的「人類乳頭狀瘤病毒」（human papillomavirus；HPV）、能夠引起肝癌的「肝炎病毒」（hepatitis viruses）等，所以活化B淋巴細胞對預防癌症有一定功效。

事實上早於20年前一些實驗已經發現看喜劇能馬上刺激免疫細胞分泌有殺害癌細胞功能的「干擾素」（interferon gamma；IFN-gamma）、增加及活化淋巴細胞、刺激DHEA荷爾蒙分泌等，這些功能都對免疫系統甚有裨益。

此外研究發現大笑後唾液中壓力荷爾蒙的皮質醇濃度立刻下降，有助減少氧化物質的產生。另外一個實驗證實即使是假裝的微笑也能馬上減少壓力及減慢心跳，因為面部肌肉的活動令腦部錯誤地接收到訊息而製造荷爾蒙「多巴胺」（dopamine）。所以簡單來說一個笑容就可以提高身體對癌症的防禦能力了！

因為笑還有很多有益身心的功效，所以近年世界各地興起以笑作為治療或減輕痛楚的方法，例如一些醫院或設施提供稱為「幽默療法」（humor therapy）的服務。

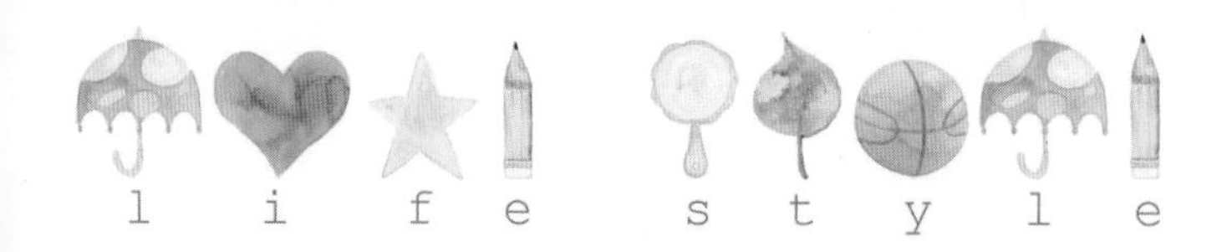

密碼 24

森林浴提升免疫力

如果曾經到滿佈樹木的森林或公園散步、露營，或去過行山等，一定都會記得那身心完全放鬆、舒暢平和的感覺。

早於 1982 年，日本農林水產省已經給「接近樹木而令身心得以療癒的活動」起了「森林浴」這名詞，從而鼓勵人們多接近森林來改善健康。科學研究已經證實了在森林活動可以為精神和體魄帶來甚多好處，其中包括減輕壓力、改善情緒、增強免疫力、降低血壓、提高能量水平、改善睡眠及促進手術或疾病後的痊癒等。

大家知道森林會釋放大量氧氣和吸收二氧化碳，從而活化細胞，但森林浴另一個特別之處在於它散發出高濃度的「植物殺菌素」（phytoncides）。植物殺菌素是由樹木產生，有抗菌和抗真菌的功效，目的是保護樹木免受昆蟲的侵襲及抵抗疾病，但原來它對人體會帶來莫大的效益。

當人體吸入這些植物殺菌素後，免疫自然殺傷細胞的數量和活性會提高。之前提過自然殺傷細胞的強項是殺滅身體內癌細胞或被病毒感染的細胞，所以換言之植物殺菌素有助防癌及預防感染。研究更發現在四周充滿樹木的郊外或大草地中只用 5 分鐘散散步就已經可在某一程度上改善健康狀況。另外一項日本的研究發現，一段 3 天 2 夜的森林浴之旅能大幅增加自然殺傷細胞的活性超過 50%，同時提高了抗癌蛋白質的濃度！更令人驚訝的是這影響竟然能在旅途結束後一直持續 30 多天！換句話說，保持每月一次的森林浴就有不錯的預防癌症的功效。

自從 2004 年森林浴對健康的功效得到科學上的證明後，日本的「厚生勞動省」與各大學及企業等組成了「森林療法研究會」，另外還有「日本衞生學會」成立的「森林醫學研究會」等，專注研究森林浴對健康的影響，其中包括森林浴是否可以幫助預防某些類型的癌症。

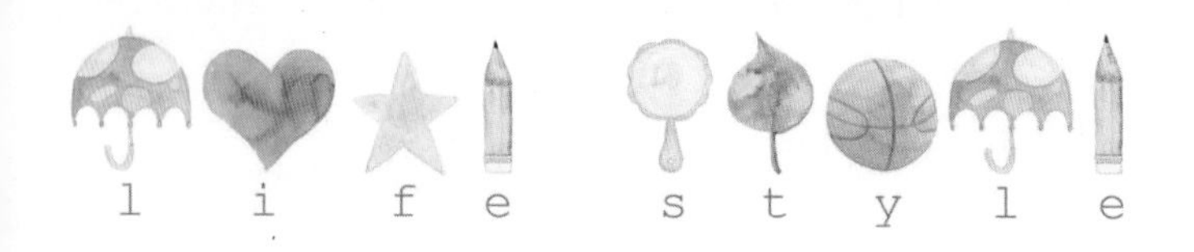

密碼 25

高體溫有助抑制癌細胞

體溫和健康的緊密關係是無庸置疑，而保持高體溫有助預防癌症。

日本的臨床個案顯示癌症患者的平均體溫偏低，低於36℃以下。日本曾用子宮癌細胞做實驗，發現把癌細胞放在39.6℃的環境下，癌細胞大量死去，相對之下正常的細胞則完全不受影響。另外很多研究數據證明癌細胞難以抵受高溫的原因是它們在體內特殊的腫瘤微環境，加上癌細胞和血管緊密連繫的結構等都令它們難以散熱，以及缺少氧氣及營養供應的環境削弱了它們抵抗高溫環境所帶來的壓力。人體如果體溫過低會直接有利癌細胞的生長外，也會因為阻礙血液循環、干擾荷爾蒙分泌、減慢新陳代謝以及削弱免疫力等而構成難以抑制癌細胞的環境。

低體溫會令血管變硬，引致血液循環受阻，干擾自律神經系統，擾亂荷爾蒙分泌的平衡。血管循環不良也令細胞未能接收到充足的養份及氧氣，廢物容易積聚，而淋巴細胞亦未能有效地分佈並巡邏身體各處。前文亦提到研究顯示氧氣不足會助長癌腫瘤的生長。根據臨床數據，大多數的癌症病人的體溫也偏低，而低體溫的病人的癌細胞亦更容易擴散。

低體溫會減慢新陳代謝，令細胞老化，亦令分解脂肪的酵素的活性下降，使其燃燒脂肪速度減慢，造成易胖體質。研究顯示體溫每下降1℃，基礎代謝可以下降達12%，顯示體溫和代謝有緊密的關係。

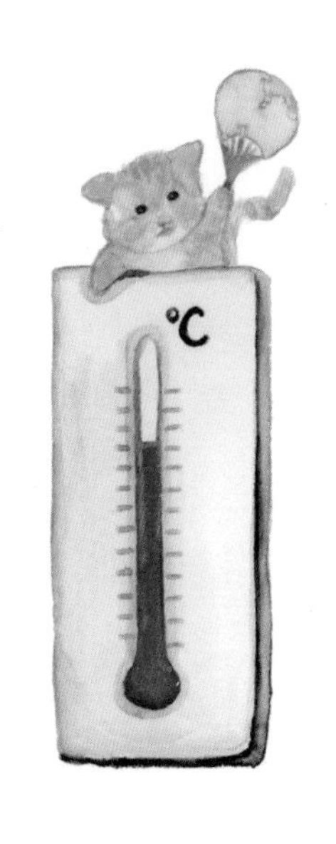

體溫和免疫力也息息相關。醫學數據顯示體溫每下降 1℃免疫力便下降 30-40%，而體溫每上升 1℃免疫力便可提高達 6 倍。高體溫則能活化負責殺死癌細胞及被感染細胞的「CD8 毒性 T 細胞」（CD8 cytotoxic T cells）及以最快速度對付病毒感染細胞及腫瘤的自然殺傷細胞，以及增加能抑制癌細胞生長的免疫干擾素的分泌。此外很多免疫系統的酵素在成人體內需要在 36.5-37℃的溫度下才達至最活躍的狀態。

基於癌細胞及免疫細胞對溫度的敏感度的差異，積極維持高體溫是上佳的防癌對策。科學研究人員亦利用這溫度的相差而開發了「熱療法」（thermotherapy）來治療癌症。近年在美國、歐洲和亞洲都有採用熱療法的臨床試驗，並且取得滿意的成果。結果顯示熱療法和放射治療、化療或手術合併使用，能提高癌細胞對放射治療的敏感度、增強化療的療效、縮小腫瘤及延長癌症病人的生存期等。

密碼26 提高體溫的8個方法

1）減少使用冷氣空調

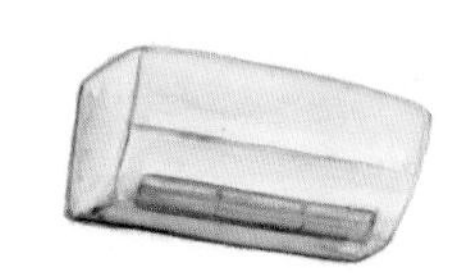

把窗戶開著或使用風扇來代替冷氣。如果需要使用冷氣，建議把溫度盡量調高一點。

2）注重身體保暖

特別留意頸、肩膀、腰及腳部的保暖，冬天時可多利用暖身物品例如手套、帽子、暖身貼等。

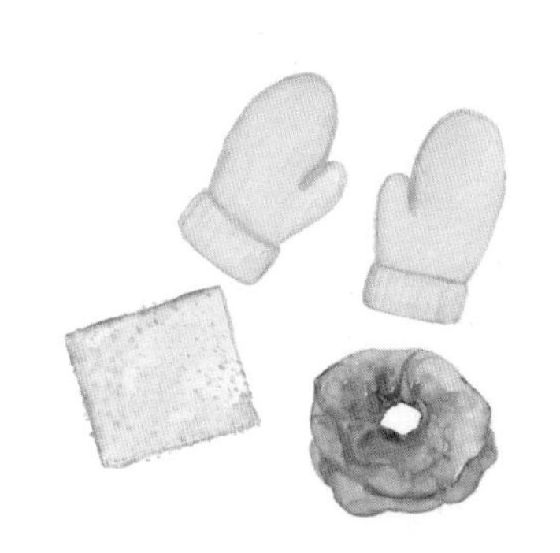

3）多運動

特別是鍛鍊肌肉的運動，因為肌肉的基礎代謝量比脂肪多50%，所以增加肌肉可以多產生熱量。

4）在日常生活中增加活動量

減少使用交通工具、升降機及電動樓梯等、多走路少坐下、親自下廚及做家務等。

5）戒喝冷飲

飲食能影響體溫，食物及飲料的溫度是其中之一的因素。冰冷的食物可免則免，而冰冷的飲料更應該避免。

6）早晨起床喝一杯暖薑水

起床後喝一杯暖薑水令腸胃和內臟馬上暖起來，又可改善吸收和消化系統，提高新陳代謝，有利提高體溫。日本一項實驗比較喝下暖水或含有辣椒、蔥或薑的暖水的效果，發現暖薑水最具暖身功效。

7）用暖薑水泡半身浴或足浴

採用半身泡在浴缸的入浴法馬上能促進血液循環、廢物的排泄及提高免疫力。日本一項實驗比較用普通暖水或含有薑的暖水進行 10 分鐘的足浴，發現暖薑水在最短時間內促進血液循環及提高體溫。而且完成足浴的 10 分鐘後，只浸泡過普遍暖水的人的體溫漸漸下降，但浸泡過暖薑水的人的體溫竟仍然維持像剛浸完時一樣。同一原理，泡半身浴時也可以加入薑。

8）保持心情輕鬆放鬆

大家在緊張時應該察覺過自己的手腳冰冷吧。因為緊張或恐懼等壓力會令自律神經的交感神經活躍起來，刺激腎上腺素的分泌，使血管收縮而令體溫下降。所以務必保持心情輕鬆放鬆，可促進高體溫。

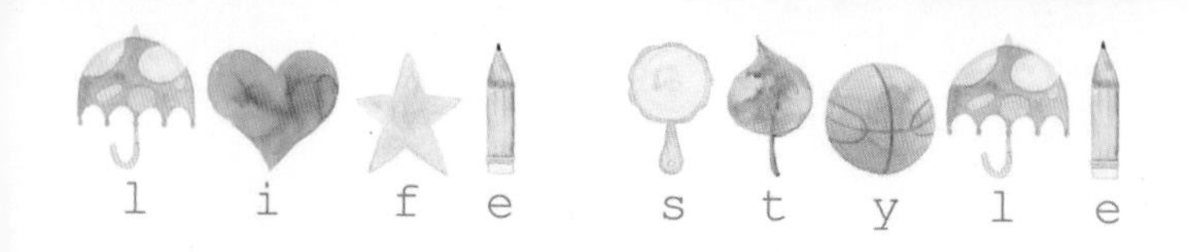

密碼 27 遠紅外線能量有保健功效

相信大多數人都喜歡走到陽光下散步、躺在吸收了太陽能量的沙灘上或岩盤浴中，因為能夠即時放鬆而且精神起來，原因可能和太陽光中的遠紅外線有關。另外有研究人員曾經測量氣功師傅從手心發出的能量，發現它的振動波長就是在遠紅外線的範圍，而且強度甚高。

早在 1937 年發現維生素 C 的諾貝爾獎得主 Dr. Albert Szent-Gyorgyi 在諾貝爾演講中表示，維持所有生命的能量來自太陽的光線。太陽發射不同波長的「電磁輻射」（electromagnetic radiation），當中有看得到及看不到的，包括宇宙射線、伽瑪射線、X射線、紫外線、可視光、紅外線、微波、無線電波等，而遠紅外線就是其中之一種看不見的電磁輻射。遠紅外線的振動波長比微波稍短，約為 4-1000「微米」（micron；μ m）。

現在為止科學家對遠紅外線的研究歷史尚短，所以很多研究報告也屬初步階段。初步的研究報告指出，在動物實驗中把遠紅外線用來照射有乳癌、大腸癌、肝癌、前列腺癌或皮膚癌等腫瘤的老鼠，都能把腫瘤縮小甚至降低轉移，或提高老鼠的生存率。細胞培養實驗發現遠紅外線能抑制或殺死舌癌、肺癌、乳癌及皮膚癌等癌細胞。此外，在臨床試驗中，中晚期的癌症病人在接受「高強度聚焦超音波」（high intensity focused ultrasound；HIFU）的治療的同時加上遠紅外線照射，腫瘤有更明顯縮小的效果。

暫時來説遠紅外線透過什麼途徑抑制癌細胞仍未能確定，但初步研究發現它能調節控制癌細胞的基因例如「血管內皮生長因子」（vascular endothelial growth factor；VEGF）的表達，亦能刺激乳癌細胞中「一氧化氮」（nitric oxide；NO）的產生，而適量的一氧化氮水平有抑制癌細胞生長的效果。遠紅外線療法亦能提高免疫力。

初步的臨床觀察及研究發現使用遠紅外線除了能抑制癌細胞外，它作為保健工具還有很多其他健康效益，包括促進血液循環及排毒、改善生活習慣病、中風、心臟病、糖尿病、坐骨神經痛、便秘、睡眠質素、關節炎、疲倦、不孕症、眼睛疲勞及視力低下等，也有抗氧化、抗炎、減重及止痛等作用。

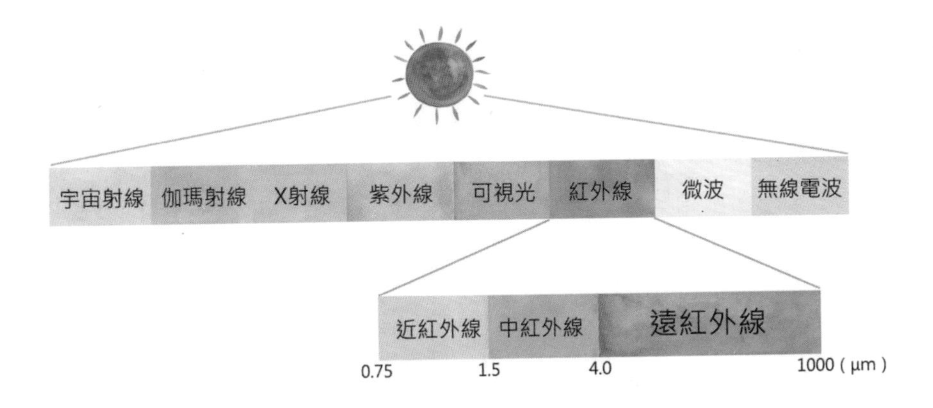

Column

遠紅外線發揮功能的途徑

遠紅外線透過至少 2 個途徑發揮療效：1）熱力效能及 2）共振效應

1）熱力效能

熱力能擴張血管，有助促進血液循環，亦能活化細胞和酵素、提高免疫力和代謝力、放鬆肌肉、改善水腫及炎症等。此外，現代生活的壓力、疲勞、生活習慣不良等會令人體自律神經不調，從而擾亂荷爾蒙分泌的平衡、降低免疫力等。積極提高體溫則能平衡自律神經、亦令代謝率加快，增加能量消耗，加上在高體溫下分解脂肪的酵素變得活躍，有助打造不易胖體質。

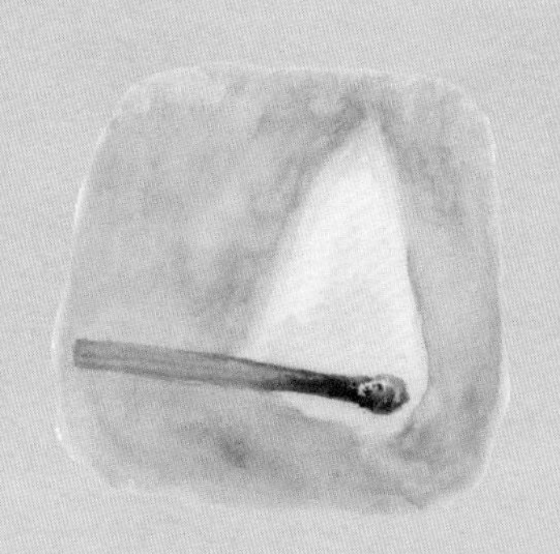

身體被遠紅外線照射後會溫暖起來而達到健康效益，所以市場上有不少以遠紅外線發熱的電爐、暖身用品等，不少醫院也使用遠紅外線設備來照顧初生嬰兒幫助他們保暖。

2）共振效應

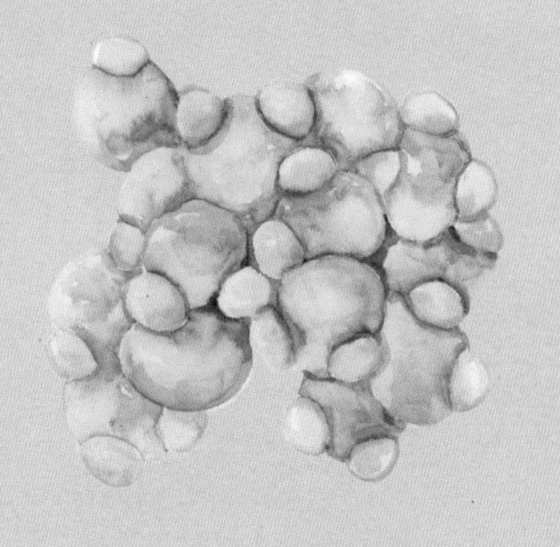

實驗發現使用不會提升溫度的遠紅外線的強度設定能抑制癌細胞的生長及令它們死亡，代表遠紅外線亦透過熱力以外的途徑例如共振效應發揮抗癌功效。

人體平均有大概 70% 由水份組成，而單是血液更達到超過 80%，所以水的構造及形態等會影響血液的流通。複數的水份子會連在一起成為一個個的「集群」（cluster）；水集群的體積越小就越能促進血液循環以及提高對細胞及組織的滲透性。不少科學家一直致力研究如何能夠把水集群分解，而實驗結果證明波長 4-16 微米的遠紅外線能夠把大的水份子之間的連繫打斷，令水集群變小。原理是遠紅外線能量振動的波長和人體細胞以及水份子的振動波長相似，所以會引起「共振效應」（resonance effect），刺激水份子震動，令大的水集群分解。

由此，遠紅外線能夠促進血液循環，令細胞容易得到氧氣及營養，以及把二氧化碳、毒素及廢物排出。細胞從而回復健康，生理機能運作良好，提高免疫力及代謝力。加上遠紅外線也促進血管的「內皮細胞」（endothelial cells）中一氧化氮的產生，促進血管擴張，更加有利血液循環。

Column

遠紅外線不會對人體造成傷害

遠紅外線不會傷害人體，因為太陽、人類以至世界上所有生物包括動物及植物，以及沒有生命的物質例如木材、塑膠、礦物（包括陶瓷、玻璃等）、食物等都散發著不同強度的遠紅外線能量。太陽光中的遠紅外線雖然有益健康，但太陽光中其他的電磁輻射中則有不少對人體有害，例如近紅外線、紫外線、X射線及伽瑪射線等，而紫外線尤其容易傷害皮膚，所以享受日光浴會有引起皮膚癌的顧慮。

近年發射遠紅外線的桑拿、日常保健用品及衣物等以保健或治療為目的之產品相繼被開發出來。去年開始使用發散遠紅外線的保健產品，記得剛使用了幾天就把眼乾及偶爾難以入睡的問題解決了。持續使用後發現身體的能量水平提高了，變得不容易感到疲勞，令我感到喜出望外。

密碼 28 智能手提電話引起氧化壓力

根據世界衛生組織轄下的國際癌症研究中心在 2011 年發出的指引，把手提電話發出的射頻能量列為二級致癌物質，即是它有致癌的可能性。

法國最近一項研究發現，每月使用手提電話通話逾 15 小時就會提高患上腦腫瘤機率達 3 倍之多。另外在 2015 年的一份報告的結果提供了有力證據，證明手提電話的射頻能量會引起「氧化壓力」（oxidative stress）。這份報告綜合了 100 個研究的結果，其中達 93 個證明即使低強度的射頻能量都會在生物系統中誘發氧化壓力，即提升活性氧的水平，增加癌症產生的機會。

因為關於智能手提電話損害健康的證據越來越多，所以在 2015 年世界各地 190 位科學家聯署去信給「聯合國」（United Nations；UN）、世界衛生組織及各政府，促請立例管制智能手提電話的輻射，可見這問題受到關注。因此減少使用無線智能手提電話或其他智能電子產品是明智之舉，而且使用手提電話通話時建議使用「免提裝置」（hands-free device），將手機和頭部之間的距離拉闊。

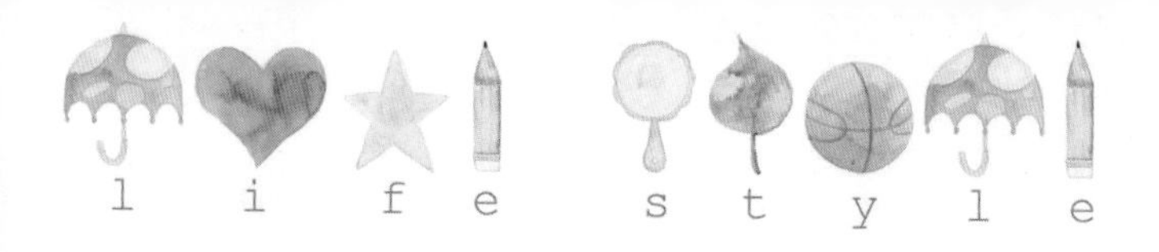

防曬措施要做足

據估計超過 80% 的皮膚癌是因為紫外光而引起的，與此同時數據顯示大部份的皮膚癌包括最致命的皮膚癌「黑色素瘤」（melanoma）是可以透過完善的防曬措施而預防。

紫外光會破壞皮膚細胞裏的基因，而當這些傷害累積就會增加細胞演變成癌細胞的機會。紫外光也會從抑制免疫功能而提高皮膚癌的風險，亦會產生活性氧，它會破壞皮膚細胞、損害基因及引起炎症，促進皮膚癌的發生。

我們的皮膚被太陽曬過後會變紅發熱，即「曬傷」（sunburn），這情況出現代表皮膚細胞的基因已受到傷害了！曬傷時皮膚變紅是因為皮膚裏的血管擴張，讓血液帶動免疫細胞到受傷的部位。這時免疫細胞會清除受損細胞，也會分泌促炎細胞因子而引起炎症，進一步幫助清除受損細胞。研究顯示每 2 年讓皮膚曬傷一次的話，就會提高患上黑色素瘤的風險達到 3 倍。

另外研究證實把皮膚曬黑也同樣代表皮膚已經受傷，會提高罹患皮膚癌的風險。所以不管曬傷或是曬黑都應該避免。

實驗證明即使塗了防曬液，並不能完全阻礙紫外光接觸到皮膚，所以避免把皮膚暴露在紫外光下最重要。在太陽下活動時應盡量穿上長袖而寬鬆的衣物，如果可以戴上闊邊而遮蓋度高的帽子就最理想，因為研究發現頭皮及頸部出現黑色素瘤是其他部位的 2 倍。

衣物的纖維密度、厚度及吸收或反射紫外光的程度都有分別，從而影響保護皮膚的功效。密集及厚的布料包括人工纖維例如尼龍、「聚酯纖維」（polyester）等，加上它們比較能反射紫外光，所以比天然布料有保護作用。另外當然越多布料的衣物越可阻擋陽光，而衣物的顏色也影響紫外光的透過率，因為研究顯示深藍色及紅色的衣物比白色及黃色的更能阻擋紫外光。如果想更安全的話，可以在穿單薄衣物時也在覆蓋下的皮膚塗抹防曬液。

打傘子是十分有效的防曬對策，其中以黑色傘子最有效，可達到至少 90%。此外即使是冬季，仍然有夏季至少 50% 的紫外光照射到地面上，所以在冬天也要注意防曬。

選擇防水、含「氧化鋅」（zinc oxide）的防曬液不會被皮膚吸收，但能提供「廣譜保護」（broad-spectrum protection）。此外 SPF30 和 PA+++ 其實已足夠，因為重點是每隔 2 小時補充（如果有化妝的話，可以使用防曬粉補妝）。

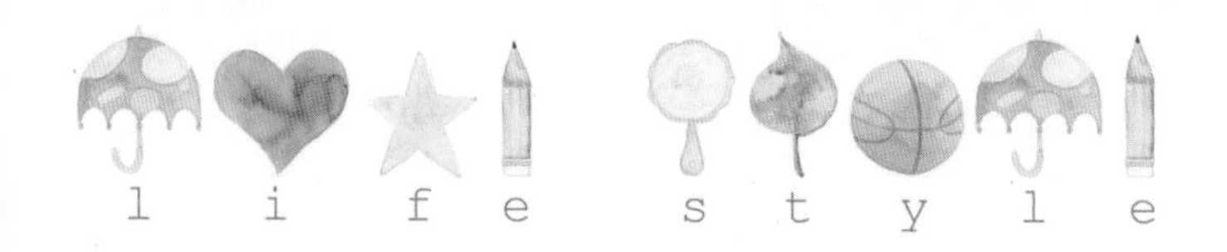

密碼 30

吸煙是超過 85% 肺癌的誘因

85-90% 的肺癌是由吸煙所引起，而吸煙者比非吸煙者有接近 25 倍患上肺癌的風險。除了肺癌之外，吸煙也提高其他癌症及各疾病的風險。據估計，半數吸煙者會因為吸煙而死亡，而吸煙會縮短壽命平均達 11-12 年。香煙的煙霧含有超過 7 千種高濃度的化學物質，其中至少有 70 種可以致癌，包括尼古丁、一氧化碳、亞蒙尼亞、「苯」（benzene）、「砒霜」（arsenic）、「亞硝胺」（nitrosamines）及游離基等。

二手煙的影響也不容忽視，日本的國立癌症中心在 2016 年發表的數據顯示，每年平均有 1 萬 5 千人因為吸入二手煙而死亡！另外經常吸入二手煙的人士患上肺癌機率比一般人高 20-30%，由此可見很多並沒有吸煙習慣的人士會患上肺癌的原因。研究發現只是吸入少許二手煙大概 20-30 分鐘，就會降低體內的氧氣水平及令「大動脈」（aorta）硬化而增加血凝固，提高心臟病及中風的風險。二手煙中的致癌物質不只會停留在空氣中幾小時，更會殘留在灰塵、衣服、頭髮、傢具、地毯等而成為三手煙，持續地影響健康。

戒煙永遠都不會太遲。由戒煙那一刻起，患上肺癌的風險馬上開始下降，10 年後可把患癌機率減少一半。

密碼 31 感染可以引起癌症

細菌、病毒、「分枝桿菌」（mycobacterium）或寄生蟲等的感染有機會誘發癌症。全世界平均達 15-20% 的癌症病例和感染有關，這數字在低至中收入的發展中國家較高，在發達國家例如美國則較低。

感染透過幾個途徑引發癌症。感染可以引起慢性炎症，令細胞不斷進行修補或繁殖，提高細胞的基因的出錯機會。有些病毒能直接影響細胞內負責控制生長的基因，例如把病毒的基因插入細胞的基因中，令細胞的生長失去控制。另外感染也會抑制免疫功能，從而讓異變細胞或癌細胞逃過免疫系統的監察。

在有機會致癌的感染中，「人類乳頭狀瘤病毒」（human papillomavirus；HPV）、「肝炎病毒」（hepatitis viruses；HV）、「EB病毒」（Epstein-Barr virus；EBV）及「幽門螺旋桿菌」（helicobacter pylori）的感染比較普遍。雖然這些感染會提高患癌風險，但大部份受感染的人士都不會患上相關癌症，因為基因及其他因素例如飲食及生活習慣等都會互相影響。

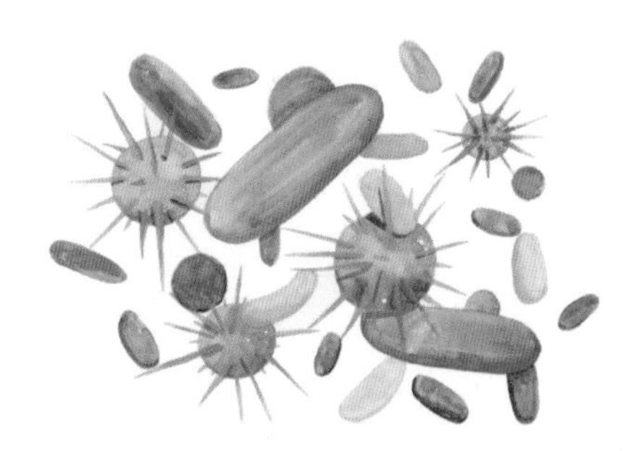

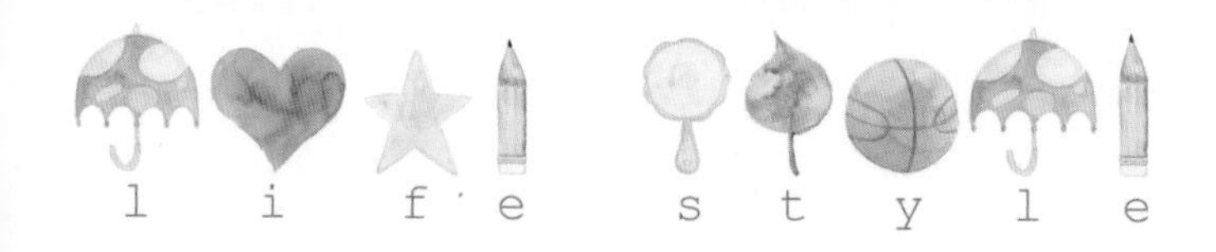

密碼 32

肝炎病毒可引起肝癌

「肝炎病毒」（hepatitis viruses；HV）可以引起急性或慢性肝炎，而在慢性的情況下有機會演變為肝癌。肝癌在香港最流行的癌症中排行第四位，而據估計超過 80% 的肝癌由肝炎病毒引起，而且 5 年存活率只有大概 10%，實在不容忽視。

肝炎病毒中以乙型及丙型影響最廣，亦是肝炎病毒中唯一可以引起慢性肝炎、有機會演變為肝硬化及肝癌的病毒類型。數據顯示感染了乙型肝炎病毒的人士有 200 倍患上肝癌的風險。

肝炎病毒乙型及丙型透過受到感染的人體液體傳染，通常透過共用針筒（例如吸食毒品）、紋身器具、針灸器具等、或由母親傳染給嬰兒等，偶爾會因為性行為而傳染。在某些落後的國家或地區如果沒有檢查機制的話，輸血及器官移植也有機會傳染肝炎病毒。疫苗接種能預防感染，但暫時只有乙型肝炎病毒有疫苗可供使用，而香港衞生署的母嬰健康院會為初生嬰兒提供乙型肝炎的疫苗接種服務。

如果感染了乙型肝炎病毒，有機會出現疲倦、像感冒的症狀、尿液變黑、大便變淺色、皮膚及眼睛變黃等症狀。當痊癒後，在一小部份人身上會演變成慢性肝炎，結果有機會發展成為肝癌。可惜暫時未有完全治癒乙型肝炎的治療方法，但藥物可以減低對肝臟的傷害及患上肝癌的風險。

丙型肝炎病毒通常亦會引起慢性肝炎，但由於大部份受感染者一般初期沒有病徵或比較輕微而忽視了，直到肝功能受損才會發現。假如發現受到感染，是有相關治療丙型肝炎的方法，並且能夠在大部份患者的身上治癒。

酗酒、某些藥物、其他感染或自身免疫疾病等也可以引起慢性肝炎而有機會演變為肝癌。此外「酒精性脂肪肝」（alcoholic fatty liver disease；AFLD）或「非酒精性脂肪肝病」（non-alcoholic fatty liver disease；NAFLD）都有機會演變成為肝癌。NAFLD 患者都沒有常喝酒的習慣，起因通常是常喝汽水、吃甜吃或缺乏運動，亦有因為遺傳因素。

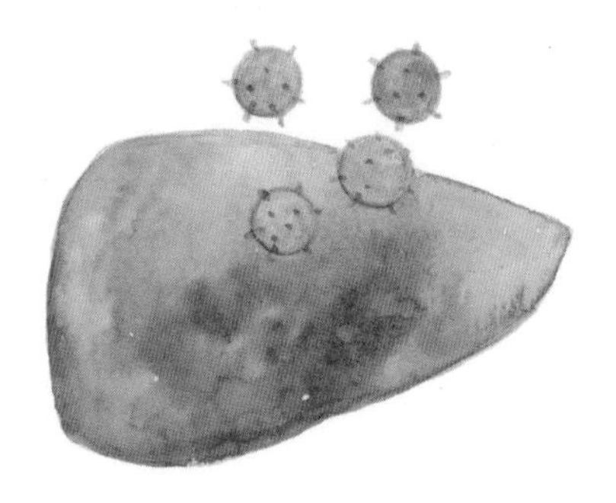

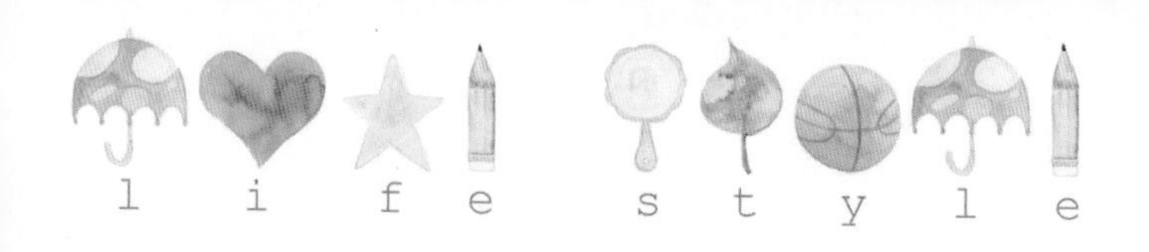

密碼 33 HPV 感染可引起子宮頸癌及其他相關癌症

「人類乳頭狀瘤病毒」（human papillomavirus；HPV）是美國最普遍的性傳播疾病，每 5 位女性中就有 4 人在 50 歲前受到感染。很多人知道 HPV 引起超過 90% 女性的子宮頸癌，但其實 HPV 也可以引起大部份的陰道、外陰、陰莖及肛門的癌症，所以亦影響男性。此外最近有報告指出，除了吸煙與酗酒外，70% 的口腔及咽喉癌亦和 HPV 有關。

HPV 中超過 40 種類型可以由性接觸傳染，所以建議性行為必需使用安全套（雖然它不能提供全面保護）。接受定期檢查以及只與對雙方來說也是唯一的性伴侶進行性行為，有助減低感染機會。據估計性活躍的男女一生中會有 80-90% 感染其中一類型的 HPV，而當中有半數是高致癌風險的類型。

高致癌風險的 HPV 類型通常沒有病徵，但 90% 的 HPV 感染通常會在 2 年內自然消失或被免疫系統抑制。如果 HPV 感染惡化的話，會引起子宮頸表面的細胞病變，稱為「子宮頸扁平上皮異常增厚」（cervical dysplasia）。女性定期接受「子宮頸抹片檢查」（pap smear test）可以確認以上細胞病變，萬一發現有異常情況可盡早治療。可是暫時沒有為男性而設的測試。

密碼 34 HPV疫苗接種能預防HPV感染但具爭議性

大約70%的子宮頸癌是由HPV16及18型所引起，而早期HPV疫苗接種能預防HPV16及18型以及其他某些HPV種類的感染，有助預防子宮頸癌。根據早期的臨床實驗，在全球各地接近2萬名女性身上，HPV疫苗能預防HPV16及18型引起的子宮頸細胞異常，而這些異常狀況是會演變成子宮頸癌的前驅。最新型的HPV疫苗更能預防多5種類型的HPV，能保護在子宮頸、陰道等引起的97%的癌變及癌變前期。此外有研究發現在全球各地的男性身上，HPV疫苗能預防90%由HPV6、11、16及18型引起和陰莖癌有關的細胞異常。

研究報告顯示女性在15-19歲時最容易感染到會致癌的HPV類型，因此美國「疾病控制和預防中心」（Centers for Disease Control and Prevention；CDC）建議女童及男童在11或12歲時接受HPV疫苗接種，而如果錯過了則在女性27歲及男性22歲前接受HPV疫苗接種。

可是和所有疫苗一樣，接受HPV疫苗接種並不代表能完全受到保護，而且亦和藥物一樣有機會引起副作用。最常出現的副作用是注射部位疼痛、紅腫，其次是頭暈、嘔吐、頭痛、過敏等。個別情況會有肺部血栓、「自體免疫性疾病」（autoimmune disease）等出現。截至2006年，全球共有2千3百萬次HPV疫苗接種，而當中有32宗死亡案例，可是這些比較嚴重症狀或死亡個案通常在疫苗注射後數個月甚至是1年後才出現，而且亦沒有證據證明它們和疫苗有關。

暫時來説疾病控制和預防中心及 FDA 等機構審查了數百萬個 HPV 疫苗接種個案，結論是 HPV 疫苗和其他疫苗一樣安全，而美國癌症協會、哈佛大學的權威學者以至這範疇的大部份專家亦支持 HPV 疫苗的好處超過它的風險。不過 HPV 疫苗的歷史始終尚短，所以有專家亦承認現時未能對它的副作用有完整的評估。

筆者認為如果閣下或閣下的兒女對 HPV 疫苗感到擔憂的話，即使選擇暫時不接受 HPV 疫苗接種，仍可以生活方式積極預防 HPV 的感染。90% 的 HPV 感染一般會在 2 年內自然消失或受到抑制，所以加強免疫力是關鍵。女性亦可以定期接受子宮頸抹片檢查找出癌變前期的徵兆（在美國定期子宮頸抹片檢查引入後減少了超過 70% 子宮頸癌個案）。使用避孕套可以減少達 70% 的感染。國際癌症研究所發現受到 HPV 感染的女性中，服用避孕藥的有高達 4 倍患上子宮頸癌的風險。另外吸煙也會提高患上子宮頸癌的風險。

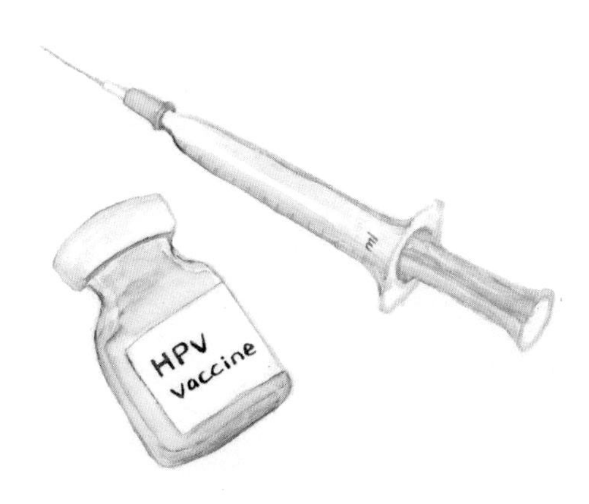

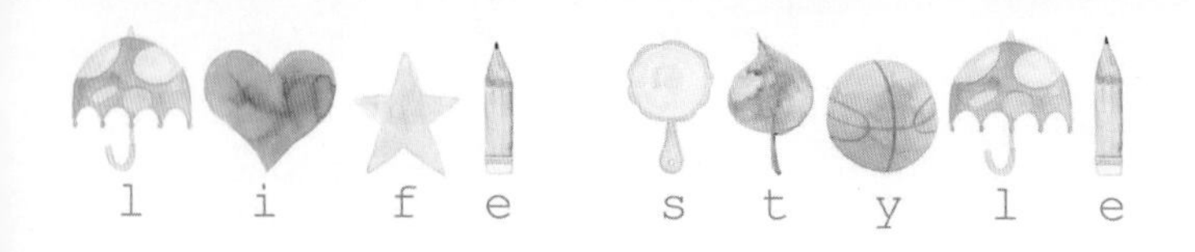

密碼 35 EBV 感染可引起淋巴癌

「EB 病毒」（Epstein-Barr virus；EBV）會提高某些淋巴癌及鼻咽癌的風險，也有可能和「霍奇金淋巴癌」（Hodgkin's lymphoma）及某些胃癌有關。EBV 的傳播途徑包括接吻、咳嗽、打噴嚏等，也可以通過共同分享飲料、使用飲用器具或牙刷等傳播。在美國幾乎每個人在成年前已經感染了 EBV，但絕大多數受到感染的人卻不會患上相關的癌症。此外暫時未有 EBV 的疫苗可供使用。

EBV 感染普遍在童年時期發生，但通常沒有病徵，或者病徵跟一般疾病相似，所以容易混淆。病徵通常出現在免疫功能低下的人身上，包括疲倦、發熱、喉嚨發炎、頸部淋巴核及脾臟腫脹等。可惜的是現時為止還未有針對 EBV 的治療方法，所以建議在生活習慣上注意衛生及積極提高免疫力。

密碼 36 幽門螺旋桿菌感染可引起胃癌

胃癌在香港最高死亡率的癌症中排行第四位，而「幽門螺旋桿菌」(helicobacter pylori) 在高達 80% 的胃癌患者的胃中存在，而且它會提高患上胃癌風險達 70-80%，所以早前已被世界衞生組織認定為誘發胃癌的因子。另外有數據指感染幽門螺旋桿菌也會提高患上比較罕見「胃粘膜相關淋巴組織淋巴癌」(gastric MALT lymphoma) 的風險達 6 倍。幽門螺旋桿菌在胃部會傷害細胞的基因，因此誘發癌症。

幽門螺旋桿菌主要經口部接觸或飲食傳染，尤其在童年時感染為多。一般來説在人口密度高加上飲食衞生環境較差的地區，例如某些東南亞國家，會有較高的幽門螺旋桿菌感染率。此外，如果胃裏有幽門螺旋桿菌，而又常吃過多鹽份，或喜愛喝酒、抽煙等，患胃癌的風險更以倍數增加。相反蔬菜水果能抑制幽門螺旋桿菌對胃部細胞的傷害。現時幽門螺旋桿菌的疫苗仍在臨床階段，不過進展似乎順利，相信不久將來會取得成功，有助預防胃癌。

幽門螺旋桿菌感染很多時候並沒有病徵。如果病徵出現，通常包括腹痛（尤其是肚子空空時）、打嗝、胃脹、嘔吐、食慾不振等。美國疾病管制及預防中心建議如果有胃潰瘍或十二指腸潰瘍等的人士，應接受幽門螺旋桿菌的檢查。幽門螺旋桿菌感染是可以治療的，研究發現使用抗生素治療幽門螺旋桿菌感染，可以把胃癌風險降低達 40%。

Chapter 2 飲食密碼

據估計，在美國達到35%的癌症死亡病例是和不良的飲食習慣有關。

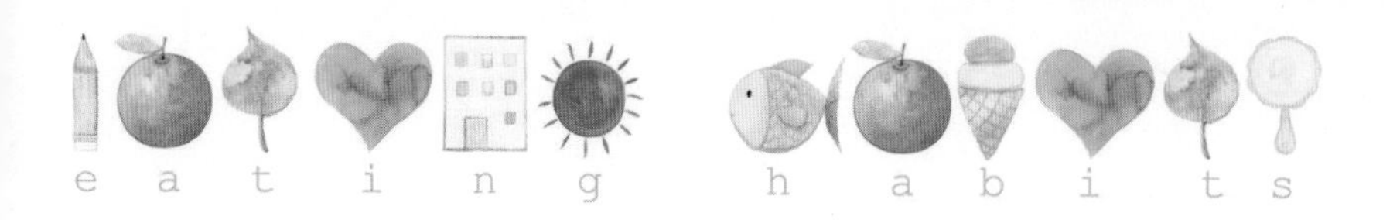

密碼 37 食物如何影響患癌風險？

為什麼飲食對防癌十分重要？因為進食營養豐富而均衡的食物，並且採取正確的飲食方法的話，能提高身體的能量水平、血液循環以及抗氧化和排毒等機能，也有助抑制炎症、維持高代謝及免疫力，以及調節荷爾蒙平衡。這些影響全都有助預防癌症。

有益健康的食物能補充能量或提供製造能量的要素，也能影響血管健康從而調節血液的循環狀態，結果能左右氧氣的輸送、免疫細胞的巡邏及廢物排泄等的效率。

有益健康的食物也能影響免疫細胞或免疫酵素，提高免疫系統辨認及消滅癌細胞的能力。此外，某些食物也能改變血液中性荷爾蒙的水平，從而影響患上前列腺癌、乳癌、子宮癌或卵巢癌的風險。

植物性食物的營養素能改善腸道健康、活化把致癌物質除掉的酵素或者阻礙致癌物質的吸收等，有助減少體內積存毒素。近年發現某些蔬菜的「植物生化素」（phytochemicals）更能直接阻礙癌細胞的生長、令它們死亡或抑制癌細胞的擴散等。此外，天然的植物性食物尤其能夠提供充足的維生素及礦物質，促進能量的代謝及脂肪的燃燒。高胰島素水平會促進癌細胞生長，而植物性食物的食物纖維素能延緩血糖上升速度，有助防止胰島素水平過高。

除此之外，食物的烹調方法也很大程度影響它的有害或致癌物質、又或者抗癌的營養成份。某些加工食品中的添加物會致癌，或者在生產過程中受到毒素的污染。另外一些加工食品例如一些加工肉類包括香腸或培根等在體內消化時會產生致癌物質。所以飲食習慣從多方面的因素影響癌症的風險。

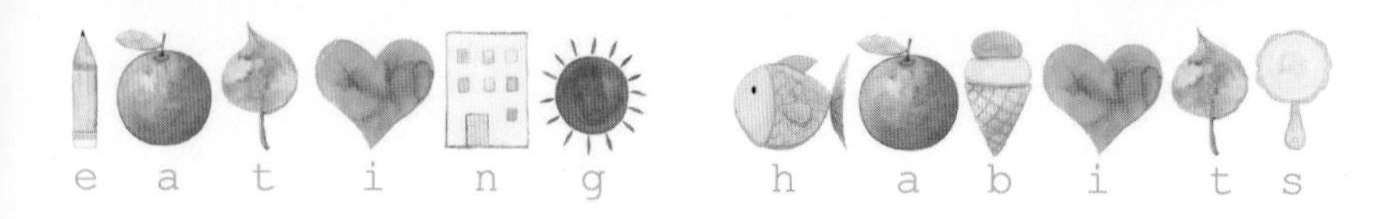

密碼 38 吃不飽，身體好

吃少一點，肚子有 7-8 成飽就已經足夠，因眾多的調查結果發現「熱量限制」（caloric restriction）有長壽的效果，相信大家身邊也可能有這樣的例子。

不單是人類，實驗證明熱量限制的動物例如老鼠、狗、猴子及牛等都比較長壽。雖然筆者在以前的書籍中亦有提及，但這黃金法則實在值得一提再說。

至今大部份的動物實驗研究報告顯示吃不飽或熱量限制具抑制癌腫瘤作用。臨床研究報告顯示熱量限制能在一些患有最具侵略性的乳癌患者身上抑制癌細胞的擴散，並在放射性治療時能明顯提高療效達25%。

熱量限制從多方面幫助預防癌症。本書提及肥胖是致癌的一大誘因，而熱量限制理所當然能防止肥胖，抵消隨著年齡增長而下降的基礎代謝量，讓我們到中年後仍然保持和年輕時相近的體重。熱量限制還會減慢細胞生長所以能減低基因複製的速度，結果減少製造出錯的基因甚至癌變的機會。熱量限制也能把一部份促進癌腫瘤生長的「份子通路」（molecular pathway）的信號關掉。模擬實驗發現熱量限制也會增加「細胞凋亡」（apoptosis）現象的發生，有助排除異變細胞。

熱量限制也影響某些基因的表達。例如「silent information regulator 2；sir2」，它能抑制基因的不穩定，從而保護細胞。近年的研究發現熱量限制能活化 sir2，所以有助延長壽命。

另一方面，吃得飽令血糖急速上升，刺激「胰島素」（insulin）的分泌，結果抑制了「成長荷爾蒙」（growth hormone）。可是成長荷爾蒙會促進燃燒脂肪及有延緩衰老的功效。高血糖也會產生更多「最終糖化產物」（advanced glycation end-products；AGE），AGE 主要是糖和蛋白質連結在一起的物質，會令血管老化並失去彈性，亦會促進炎症而對防癌不利，也容易引起糖尿病及動脈硬化等疾病。在實驗中 AGE 會刺激乳癌細胞的生長，而在癌腫瘤中也發現大量 AGE，加上 AGE 會刺激氧化反應，顯示 AGE 很大可能促進癌症。

實驗亦發現熱量限制能阻擋致癌的有毒物質例如「多環芳香烴」（poly-cyclic hydrocarbons）及「芳香胺」（aromatic amines）等對細胞的傷害。此外，食物被分解及代謝時會產生傷害細胞及基因的游離基特別是活性氧。所以越吃得多，產生的活性氧就越多，癌變的機率也會提高。吃得飽也會容易導致未被消化的食物滯留在腸道內，增加發酵和產生毒素的機會。

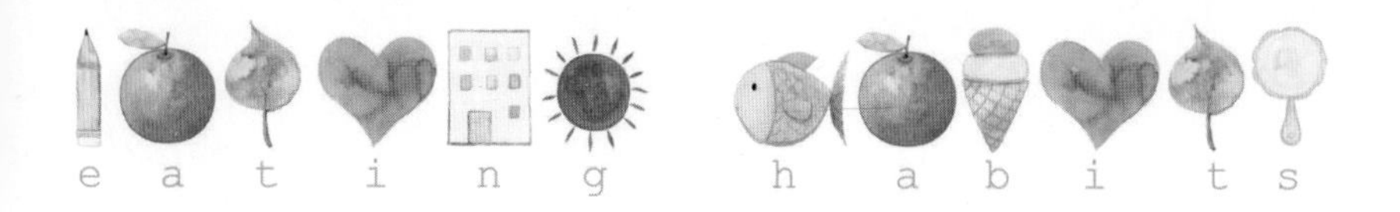

密碼 39

熱量限制的 4 個要點

1）熱量限制並非單一地減少某一種食物或只吃蔬菜水果等方法。

2）健康的身體需要充足的營養但不是過多的熱量，所以熱量限制是攝取足夠而均衡的營養但把熱量減少 20-30%。

3）在主要的營養素中，醣類、脂肪和蛋白質都帶有熱量，所以做法是把白飯、油、肉類、餅乾、蛋糕、糖果、即食食品、調味醬等含高熱量的食物份量減少。減少高度加工食品的份量尤其重要，因為現今的食糧不像以前完整、粗糙，可以保留珍貴營養，反而是大部份經過複雜的加工程序而變成高熱量但低營養的食品。

4）維生素、礦物質、食物纖維素和「植物生化素」（phytochemicals）不帶熱量，所以保持蔬菜和水果的份量，但如果本來不夠則增加（本書會講解多少才算足夠）。此外如果為了減少脂肪而控制肉類，令蛋白質攝取量不足的話，可增加豆類來填補。

密碼 40 戒掉宵夜能減低乳癌復發率

大家都知道吃宵夜對健康無益，但究竟這個習慣有多壞呢？

原來吃宵夜會助長癌症患者的病情復發。2016 年一份針對 2413 名乳癌患者、並且追蹤了 12 年的調查發現，吃宵夜或很晚才吃飯的女性（即每晚有少於 13 小時禁食），她們比其他女性會有高 36% 的乳癌復發率。此外根據近年動物實驗的數據，晚上長時間的禁食能減少炎症、防止肥胖及維持正常的葡萄糖的代謝。這些影響全都對預防癌症及其預後有幫助。

一般來説晚上 10 時至凌晨 2 時是睡眠時成長荷爾蒙分泌最高峰的時間，所以如果吃宵夜就會抑制成長荷爾蒙，令人特別容易發胖及衰老。研究亦發現晚上禁食時間每增加 3 小時，「糖化血紅蛋白」（hemoglobin A1c；HbA1c）的水平會減低 20%，而低 HbA1c 是糖尿病風險較低的指標，所以不吃宵夜亦有助減低糖尿病的風險。

其實晚餐也應該在睡覺前至少 4 小時前吃完，因為食物通過胃部的時間平均可達 4-5 小時，如果在進食後很快睡覺，會讓食物在胃內發酵而產生毒素。

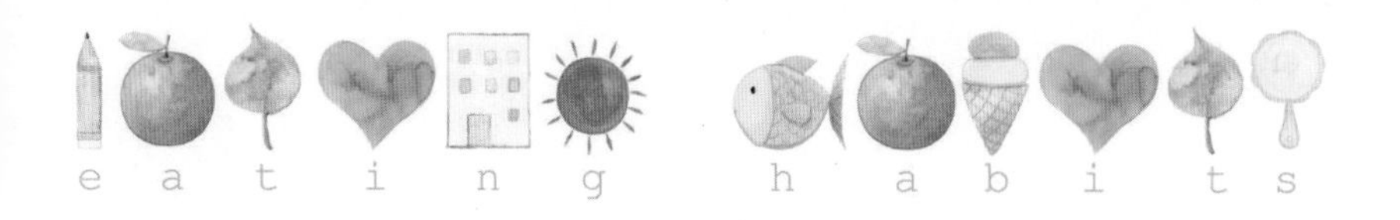

密碼 41

穩定血糖有利防癌

大家知道血糖值和癌症有密切的關係嗎？

根據大型「群組研究」（cohort studies）的調查結果，「高血糖」（hyperglycemia）在各種癌症患者身上都是較低的生存率的預測指標，亦是胰臟、食道、肝臟、大腸、直腸、胃及前列腺出現癌症的高風險指標。一份囊括 21 個國家的調查發現，糖份攝取是一個很強的乳癌風險因素。其他實驗報告亦證實，利用熱量限制把長有癌腫瘤的動物的血糖降低，能大幅延長生存率。

為什麼高血糖會提高罹患癌症的風險呢？原因來自糖份對整體健康、正常細胞以及癌細胞的影響。進食或飲用 100 克（24 茶匙）的白砂糖，相當於 2 罐半汽水的糖份含量，會削減白血球 40% 的殺菌能力，而 10 茶匙的白砂糖則會削減免疫細胞對病原的「吞噬作用」（phagocytosis）達 50%。此外，平均達 70% 的免疫細胞存在於腸道內，而過多糖份會促進腸內壞菌的繁殖，結果削弱免疫力。

精製糖因為不需要消化，所以會最快提高血糖而帶來影響。但不單是精製糖，當然吃過多「醣類」（carbohydrate）食物也會刺激血糖攀升。

高血糖也會刺激胰島素大量分泌，而高胰島素水平會促進癌細胞生長。大量的胰島素分泌亦刺激肝臟和肌肉把血糖以「肝醣」（glycogen）的形式儲存起來。可是當肝臟和肌肉都儲滿了，胰島素就會把剩下的血糖轉變成脂肪儲存起來，而這些脂肪經常會堆積在腹部成為內臟脂肪，增加癌症風險。事實上近年的科學證據顯示減少醣類的攝取量從而降低血糖水平，就能減少血液裏的「飽和脂肪酸」（saturated fatty acid）的濃度。此外高血糖也會產生更多前文提及的AGE，對防癌不利。

糖份也直接影響癌細胞。在細胞實驗中發現缺乏葡萄糖會令癌細胞比正常細胞更快凋亡，相反充足的葡萄糖則有利癌細胞的繁殖及血管新生。癌細胞使用糖酵解比原生的正常組織所使用的頻率最多高達200倍，因此癌細胞比正常細胞更需要葡萄糖。

既然葡萄糖對癌細胞如此重要，那麼把它戒掉豈不是可以「餓死」癌細胞？實際情況並非如此簡單。原因是正常細胞也需要葡萄糖，特別是大腦更需要不斷的葡萄糖的供應，所以我們為了維持健康不能戒掉葡萄糖，但我們應該控制醣類食物特別是精製糖的攝取量。

Column

澱粉質比精製糖少一點害處

糖份和澱粉質都屬於醣類，糖份即「單糖」（monosaccharide）或「雙糖」（disaccharide），它們的體積相對小，而單糖更是醣類中最小份子。現成糖份的例子就是精製糖。另一方面澱粉質則由多個糖份子組成，所以被稱為「多糖」（polysaccharide），它的體積比糖大。因此澱粉質相對下比糖份需要更多時間消化才會成為葡萄糖被血液吸收。動物實驗中被餵食更多糖份的老鼠比同等熱量但更多澱粉質的，患上乳癌的機率更高，所以我們應該從澱粉質食物攝取葡萄糖。

不過澱粉質食品中的「白色食物」則必需要留意，例如白飯及白麵包等，它們缺少食物纖維素及其他營養素例如維生素等，而且因為經過多重研磨等處理所以進食後會很快被吸收而令血糖急升。相對下保留原狀的全穀物或全麥麵包等會比較有益。

話説回來，很多天然食材本身都含有糖份，例如水果。不過水果整體來説是健康食物，因為當我們吃下一個橙除了吸收到糖份外，還有珍貴的維生素、礦物質、食物纖維素及植物生化素，它們對於防癌十分重要，而且其中的食物纖維素有助減緩血糖的上升速度。總括來説我們仍要控制味道甜的食物，特別是加工食品，而甜味的飲料就可免則免了。

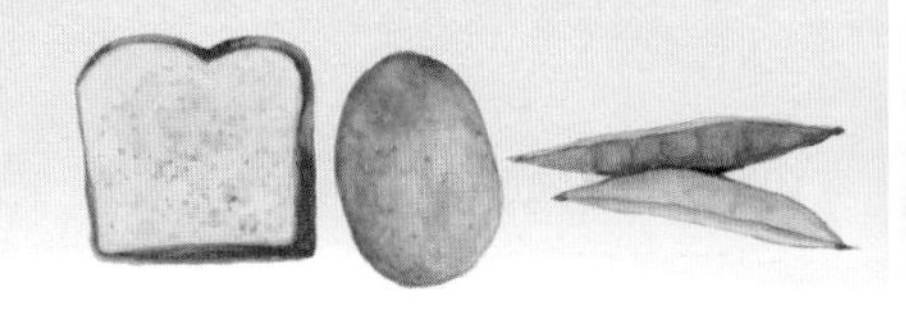

密碼 42

穩定血糖的 4 個基本飲食技巧

1）多吃蔬菜，因為其「血糖指數」(glycemic index；GI）低。在進食時把蔬菜先吃。

2）把澱粉質食物例如飯或麵放在最後吃，因為其 GI 高。

3）優質的油脂例如「特級初榨橄欖油」(extra virgin olive oil）、牛油果油及魚類的油（吃原隻牛油果或完整魚肉比提煉出來的牛油果油或魚油有益），還有豆類等都能穩定血糖。

4）高度加工食品、調味料等 GI 高，而且都含有大量精製糖，會加快血糖上升速度，所以要避免。

GI 是一個表示醣類食物令血糖上升的速度的指標。例如葡萄糖份子最少因此最快令血糖上升，其 GI 為最高。食物纖維素能吸附糖份，減少它的吸收，延緩血糖上升。

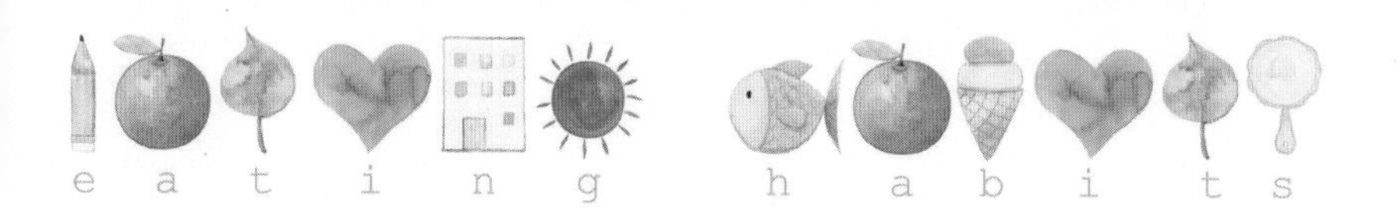

密碼 43 蔬菜及水果是防癌的王牌食物

防癌飲食不能缺少大量蔬菜及水果。研究人員把 32 個調查進行「整合分析」（meta-analysis），發現時常進食大量蔬菜可減低食道癌風險達 44%，而時常進食大量水果則可減低食道癌風險達 47%。綜合歐洲針對 14 份報告的群組研究結果，大腸癌的風險和蔬菜及水果或食物纖維素的攝取量成反比，而肝癌的風險則和食物纖維素的攝取量成反比。

日本的國立防癌中心亦表示，即使 1 星期只有 1-2 天吃蔬菜水果的人士仍會比完全不吃的，其胃癌風險低 20-50%。此外每多吃 100 克的蔬菜水果就可把食道癌風險減低 10%。

植物提供豐富維生素、礦物質、「植物生化素」(phytochemicals) 及食物纖維素等，能增強免疫力、減少氧化的傷害、排除有害物質、增加腸道的有益菌、保持荷爾蒙分泌平衡、幫助維持標準體重及抑制細菌或病毒對細胞的傷害等。

各種維生素有多樣化的健康效益，例如維生素 C 是優秀的抗氧化物質，並且能促進細胞的新陳代謝及增強免疫力，幫助淨化化學添加物，例如加工肉類中常見的「亞硝酸納」（sodium nitrite）。另外維生素 E 是抗脂質氧化的重要份子，而人體的基因修補系統則需要「葉酸」（folic acid）的參與。2015 年的一個研究更發現維生素 A 能指示免疫細胞到腸道，從而抵抗外來的細菌、病毒及寄生蟲等。

人體中的「超氧化物歧化酶」（superoxide dismutase；SOD）及「谷胱甘肽過氧化酶」（glutathione peroxidase；GPX）有清除活性氧的功能，但它們需要「輔因子」（co-factors）例如硒、鐵、銅、鋅及錳等礦物質才可以發揮最大功效。可是人體不能製造礦物質，所以必需從食物特別是蔬菜水果中攝取。

蔬菜水果的另外一個特別之處是它那超過數千種的植物生化素。這些特殊成份能直接抑制癌細胞的生長，甚至排除有害或致癌物質。此外它們也有超強抗氧化力，能預防衰老和增強免疫力。

蔬菜水果的食物纖維素亦十分重要，它能穩定血糖及增加腸道的有益菌而抑制有害菌。研究顯示每天多吃每 10 克食物纖維素就能減少 10% 的大腸癌及 5% 乳癌的風險。

調查發現飲食中脂肪越多的人口就會有越高的大腸癌及乳癌的死亡率。食物纖維素因為不能被消化，所以會帶動食物更快通過腸道，能吸附脂肪及糖份而阻礙它們的吸收，也能防止致癌物質影響身體。此外女性「雌激素」（estrogen）如果分泌過多會提高乳癌風險。肝臟過濾血液時會隔走過多的雌激素然後送到腸道去，而食物纖維素能在腸道內吸附雌激素然後和它一同排泄掉，防止它被吸收回到體內。

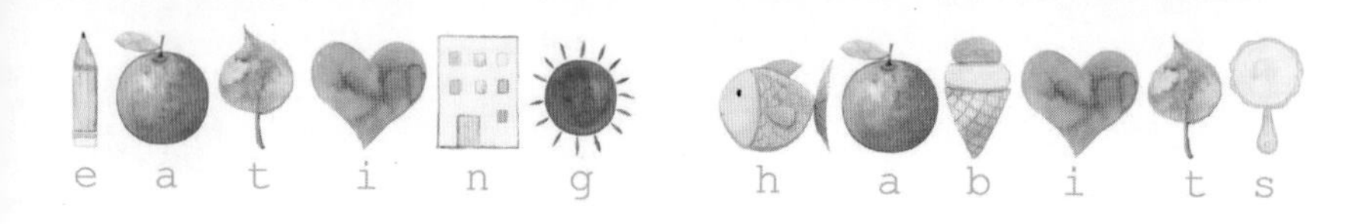

密碼 44 蔬菜水果中抗癌力各有高低

雖然蔬菜水果已經是被確定為有效預防癌症，但有少部份以健康人士為對象的群組研究的結果未能發現蔬菜水果有明顯的抗癌作用。科學家認為原因是基於不同種類的蔬菜水果的營養成份各異，而某些蔬菜水果抗癌力特別強，但另外一些功效則不明顯，所以即使進食充足蔬菜水果，比較起來亦不一定顯出差異。因此，選擇抗癌力高的蔬菜水果十分重要。

「茄紅素」（lycopene）、「beta- 胡蘿蔔素」（beta-carotene）及「葉黃素」（lutein）屬於「類胡蘿蔔素」（carotenoids），多年的研究數據證實它們有優秀的抗癌作用。番茄、西瓜、木瓜和紅西柚等含有豐富紅色的茄紅素，大量研究報告證明它特別能預防前列腺癌、肺癌及胃癌等（下一篇文章會進一步探討）。番薯、芒果、紅蘿蔔、南瓜、紅椒及深綠色蔬菜等含有的 beta- 胡蘿蔔素是一組紅、橙及黃色的色素，其特強抗氧化力特別能預防大腸癌。

蔬菜中以綠葉蔬菜是我們最常吃的，而視乎種類其顏色有深淺之分。當中以深綠色蔬菜被認為抗癌作用較強，因為它的植物生化素中包括了豐富的 beta- 胡蘿蔔素及葉黃素，後者有可能預防腎癌及乳癌等。含有特別豐富葉黃素的蔬菜有西蘭花、芥蘭、「羽衣甘藍」(kale）、菠菜、洋芫茜和「瑞士甜菜」（Swiss chard）等。當中西蘭花屬於「十

字科蔬菜」（cruciferous vegetables），有卓越的抗癌作用（在本書中會討論）。此外深綠色蔬菜含有豐富「葉綠素」（chlorophill），它能抗氧化及抑制有害或致癌物質。

根據不少的研究結果，把抗癌力高的蔬菜一起進食可能有相輔相成的效果，例如一份研究報告指出，把西蘭花和含有豐富茄紅素的番茄一起食用，能提高抗癌效果。

水果來説「草莓」（berries）例如黑莓、藍莓、蔓越莓、「覆盆子」（raspberry）及士多啤梨等含有各種豐富的抗癌植物生化素，屬優秀的抗癌水果。它們的成份中的「鞣花酸」（ellagic acid）有抑制皮膚癌、肺癌、食道癌或乳癌等功效，而「花青素」（anthocyanins）在葡萄及梅等紫色水果中可以找到，能抑制癌變前異常的細胞生長及血管新生。另外蘋果尤其是它的皮含有豐富的抗癌物質，其中例如「三萜類化合物」（titerpenoids）能抑制癌細胞的生長甚至令它們凋亡。

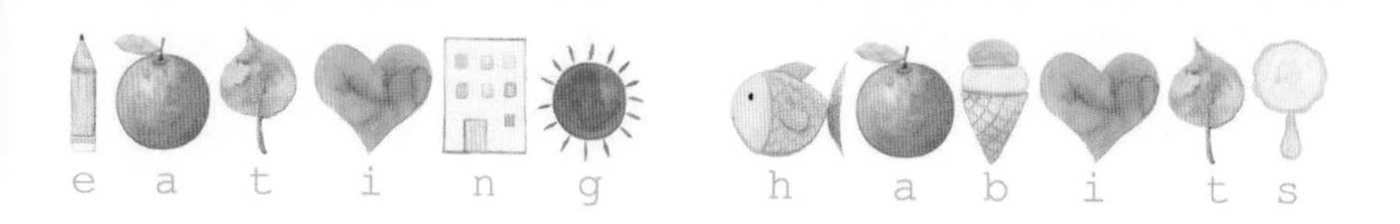

密碼 45

紅色的茄紅素的防癌功效卓越

石榴、番茄、西瓜、木瓜、紅椒和紅西柚等含有特別豐富紅色的茄紅素，而它是優秀的抗癌物質。茄紅素屬於「類胡蘿蔔素」（carotenoids），能保護植物免受陽光傷害及利用太陽的能量來製造營養，在人體內會被轉化成為維生素 A。

茄紅素是很強的抗氧化物質，眾多的細胞及動物實驗證明它能預防癌症，特別是前列腺癌，其次是皮膚癌、乳癌、胃癌、肺癌及肝癌等。茄紅素能透過直接抑制癌細胞、阻礙血管新生及強化免疫系統等來預防癌症。另外前列腺癌細胞依靠「雄激素」（androgen）的刺激而生長，但茄紅素能改變前列腺癌細胞接收雄激素的效率，從而抑制其生長。

雖然臨床研究結果方面未達一致性，但絕大部份顯示茄紅素有抑制前列腺癌的作用。一些人口研究發現飲食中越多茄紅素，患上前列腺癌的風險越低。哈佛大學的研究發現，男性每月至少吃 4 次煮熟了的番茄或番茄醬，能減少患上前列腺癌的風險達到一半。另外癌症患者的血液中茄紅素水平比健康人士的低。不少報告指番茄或茄紅素對其他癌症亦有預防功效，例如時常吃番茄能減低胃癌風險達 27%。

茄紅素的吸收率受烹調方法影響。加熱、加工、日曬等程序能幫助釋放食物中的茄紅素。以番茄為例，以上程序令其茄紅素的含量比生吃的番茄增加 2-20 倍，所以曬乾的番茄、煮熟了的番茄或紅椒、番茄醬等會比生吃的理想。另外因為茄紅素是油溶性，所以如果吃用番茄或紅椒等做的食物時可以加點橄欖油一起食用。研究發現加入橄欖油的煮熟了的番茄令茄紅素更能被吸收，相比起沒有加入橄欖油的，可以令體內茄紅素的血清水平高達 82%。

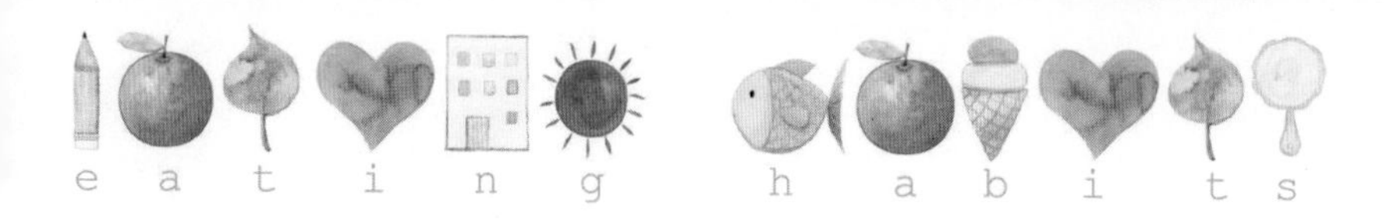

密碼 46 十字科蔬菜提升抗氧化力

西蘭花、椰菜花、捲心菜、白蘿蔔、大白菜、芥末、山葵、「球芽甘藍」（Brussels sprouts）、羽衣甘藍等蔬菜有什麼共同點？原來它們都是屬於有優秀防癌功效的「十字科蔬菜」（cruciferous vegetables）。

針對數萬名受訪者的大型群組調查發現，常吃十字科蔬菜能減低膀胱癌及前列腺癌的風險達一半；而較為小型的調查則發現，這習慣能減低肺癌的風險達 30%。有報告指常吃十字科蔬菜亦能減低乳癌風險達一半，減低「非何傑金氏淋巴癌」（non-Hodgkin's lymphoma）達 33% 等。

另外有研究人員把 35 個調查進行整合分析後發現，常吃十字科蔬菜能減低大腸癌的風險達 18%。其他調查亦發現十字科蔬菜能預防胃癌及乳癌等。不過部份報告顯示十字科蔬菜的抗癌功效似乎因遺傳基因而有所差異，原因在於每個人體內的酵素就十字科蔬菜的抗癌成份的代謝功能有別，導致結果不顯著。

十字科蔬菜含豐富類胡蘿蔔素、維生素 B（葉酸）、C、E 及 K，以及鋅、鎂及鉀等礦物質，亦比大部份的蔬菜含有更豐富的食物纖維素。這些營養成份對維持正常生理機能、提高免疫力及預防癌症都十分重要。

此外，在十字科蔬菜的營養成份中，不得不提它那帶來獨特香氣及苦味的植物生化素「硫代葡萄糖苷」（glucosinolates）。硫代葡萄糖苷透過加熱、咀嚼或消化，會被分解成為多種帶活性的物質。當中以「吲哚」（indoles）及「異硫氰酸鹽」（isothiocyanates）被廣泛關注，全因為它們帶有抑制癌細胞的功效，包括能抗炎、保護基因免受到傷害、抑制癌細胞的遷移及血管新生，也能使致癌物質失去活性等。

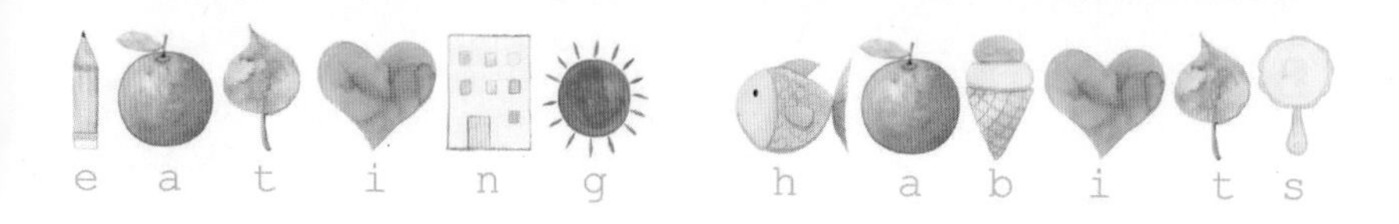

密碼 47 蔬菜及水果的理想吃法

世界衛生組織、美國癌症研究所及日本的國立癌症中心都建議每天應攝取 400 克即 5 份的蔬菜及水果。研究顯示每天攝取 400 克的蔬菜及水果能減低因為任何疾病而導致的死亡的機率。除了份量之外，蔬菜及水果種類的多樣化以及進食方法也很重要。

因為有超強抗氧化力、能增強免疫力以及抗癌的植物生化素一般存在於蔬果的氣味及顏色之中，像藍莓的藍、草莓的紅、紅蘿蔔的橙黃、西蘭花的綠，以及洋蔥、大蒜的獨特氣味等。所以選擇蔬菜水果保持多樣化，並且包括五彩繽紛的顏色，最有利預防癌症。

蔬菜的根及皮、水果的皮等通常含有最豐富的植物生化素，盡可能一起進食，但因為連皮吃的關係所以建議選擇有機栽培的蔬果。蔬菜及水果切開後跟空氣接觸會很快氧化，令營養成份變質，所以要盡快進食。此外建議不要以隔走食物纖維素的果汁或蔬菜汁代替完整蔬果。

人體沒有破壞蔬菜細胞膜的消化酵素，但把蔬菜加熱能打破它的細胞膜，釋放更多的抗氧化物質和植物生化素。可是另一方面熱力也會破壞水溶性維生素、多種礦物質及葉綠素。所以為了攝取均衡營養，建議生及煮熟的蔬菜都應吃。此外，因為一般來說蔬菜的植物生化素以及維生素 A、D、E 等均屬於油溶性質（深色蔬菜如番茄、紅蘿蔔、菠菜、南瓜等含豐富油溶性營養素），所以煮熟後加點油才吃會更有利這些營養素的吸收。

水果如果吃得不對，會阻礙消化及有令脂肪堆積的顧慮。水果含有的糖份中有一部份是「果糖」（fructose），它的代謝跟葡萄糖不同，如果一下子大量攝取的話會更容易轉化成為脂肪。另外水果和其他食物一起進食會在胃裏滯留而延遲消化，引起發酵而產生毒素。因此，一天中最好分開 2 次吃水果，最理想是時間在早上起床後 2 小時內的排毒黃金時機，以及午飯後 3、4 小時左右的零食時間。

密碼 48

有機栽培的蔬果更具營養價值

農藥對健康的影響無庸置疑。研究數據顯示經常接觸大量農藥的人士例如農業從業者有更高患上某些癌症的風險。農藥含有的重金屬及其他有毒物質都會一起積存在體內，而年幼的小童被認為最受影響。農藥亦會干擾荷爾蒙、生殖及中樞神經系統，以及削弱脂肪燃燒的效率而引起肥胖等問題。蔬菜水果是一般人接觸農藥的主要途徑，可是農藥亦會跟隨食物鏈而污染植物、空氣、水、泥土及動物。有機栽培的蔬菜水果可以大幅減低直接接觸農藥，亦減少對環境帶來的傷害。

有機種植的蔬果除了含有大幅減少的農藥及重金屬等外，有研究顯示它的抗氧化物質、維生素及礦物質等營養素的含量比一般的更高達40%。其中最近一份分析了343個世界各地的研究結果的報告指出，有機蔬果的抗氧化物質的含量比無機的高達 19-69%。

雖然有機蔬果的價錢比較貴，但能減少健康顧慮，亦有助保護環境。而從營養價值來看，改吃有機蔬果的話，跟吃與無機的蔬菜和水果相同份量比較，往往好比多吸收 1、2 份蔬果的營養。

密碼49 豆類含豐富營養

紅豆、黃豆、黑豆、扁豆等豆類含有豐富多種維生素、礦物質、醣類、蛋白質以及植物生化素。豆類的食物纖維素亦十分豐富，一份豆類就可提供一天所需的食物纖維素的20%。

豆類含有豐富而抗癌作用特別優秀的植物生化素包括「木酚素」（lignans）及「皂苷」（saponins），另外還有「類黃酮」（flavonoids）、「肌醇」（inositol）、「三萜類合物」（triterpenoid）等。幾個研究分別顯示木酚素有可能預防與荷爾蒙分泌有關的癌症例如子宮內膜癌及卵巢癌。皂苷能增強免疫力，並且減少二次膽汁的分泌而保護大腸細胞。實驗結果則顯示皂苷及類黃酮等的物質能減慢癌細胞的生長及抗炎等。

豆類亦含有豐富「抗性澱粉」（resistant starch），它不會被小腸消化而能到達大腸中被細菌發酵，能促進「短鏈脂肪酸」（short chain fatty acids；SCFAs）的製造，而這功效有助預防大腸癌。

幾份研究報告顯示常吃豆類的人士有較低患上大腸癌或大腸癌前期容易出現的息肉的機率，而早期研究亦發現常吃豆類可以降低乳癌及前列腺癌的風險。不過整體而言至目前為止數據有些不一致的地方，而有科學家認為這可以歸咎於定期吃豆類的人士不多，比較方面會有些困難。豆類亦是零食的好材料，亦可用來混合或代替白飯，因為它的營養比白飯豐富，卻又不容易令血糖急升。

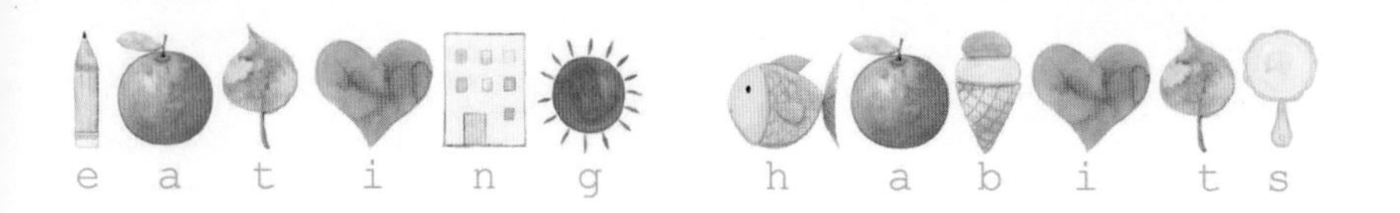

密碼 50

黃豆食品有助預防乳癌

豆類中以黃豆的抗癌功效特別優秀，科學家在 2014 年《美國營養學院期刊》（*Journal of the American College of Nutrition*）發表的防癌飲食指引中，在眾多食材中特別提出黃豆的重要性。

雖然暫時來說證據尚未算很充足，但大部份研究結果顯示每日適當地食用黃豆可以幫助預防乳癌或減低乳癌的復發率。例如其中一項調查發現中國女性如果在青春期每天吃 11.3 克或更多的黃豆蛋白質（大概相等於半杯煮熟了的黃豆、一杯豆漿或半杯豆腐），她們比每天平均只吃 1.7 克黃豆蛋白質的女性，有低達一半患上乳癌的風險。另外一份報告指患有乳癌的中國女性如果平均每天吃 11 克的黃豆蛋白質就可以減低死亡率或乳癌復發率超過 30%。此外一份早期一點的報告顯示以 1 星期計，每吃多一份豆腐能減低乳癌風險 15%。

綜合亞洲的數據，常吃黃豆平均可降低乳癌風險達 25%。西方國家也有類似的研究結果；乳癌患者的「大豆異黃酮」（soy isoflavone）（黃豆中的植物生化素）攝取量越多，死亡率及復發率便越低。除了乳癌外，有研究顯示每天喝一點豆漿亦能降低子宮癌風險。

為什麼黃豆對預防乳癌有利呢？相信是黃豆中的幾種植物生化素的抗癌功效，特別以大豆異黃酮居功不少，因為它能抑制細胞繁殖及血管新生，促進癌細胞凋亡等，而且亦有調節女性荷爾蒙雌激素的功

效。大豆異黃酮和女性的荷爾蒙雌激素構造相似，所以能干擾雌激素的運作，阻止乳癌細胞繁殖。此外黃豆提供完全蛋白質、豐富的食物纖維素、維生素和鐵、鎂、鉀、葉酸等礦物質、不飽和脂肪酸等，但不像動物性食物含有膽固醇，是健康的蛋白質和脂肪來源。

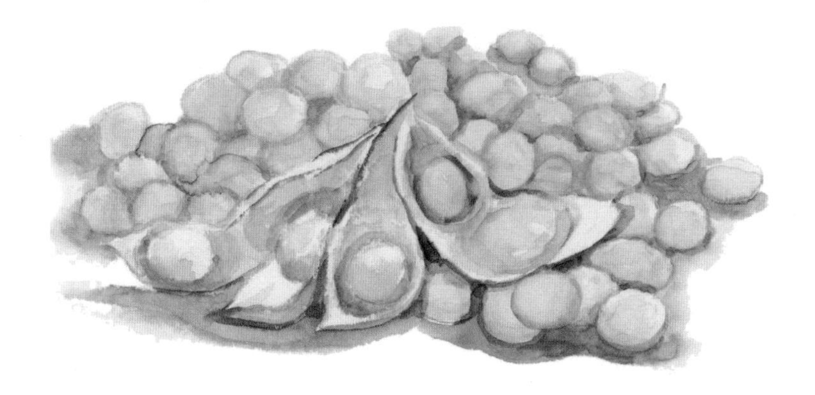

Column

黃豆致癌的迷思

網絡上不時有類似「吃黃豆會導致乳癌」的説法，引起不少恐慌。事實上的確有非常少數西方的研究報告顯示黃豆對乳癌沒有影響甚至呈相反結果，指吃黃豆對乳癌患者不利。

經過仔細分析就會發現這些報告有商榷的地方，就是它們的共通點，包括調查對象是服用黃豆搾出物製成的「營養補助品」(supplements) 而不是完整黃豆，以及攝取量非常高。相反，亞洲國家例如中國或日本等人民則習慣攝取完整的黃豆食品，而且食量適中。

完整黃豆含有各種營養素，有助發揮「協同效果」(synergistic effect)，可是如果只單獨攝取它的蛋白質卻未必能發揮正常功效，而且濃度過高的話有可能導致反效果。例如一份於 2014 年發表的研究報告，乳癌患者被指導每天持續服用 52 克黃豆抽出的蛋白質（大概相等於 4 杯豆漿的含量），結果呈現病情惡化的反效果。事實上曾經有實驗把黃豆抽出的蛋白質然後測試它對乳癌細胞的影響，亦發現它有促進細胞生長的反效果。黃豆的搾出物會刺激「類胰島素生長因子 -1」(insulin-like growth factor-1；IGF-1) 的分泌，而研究顯示 IGF-1 和癌症風險有正面關係。

另外大豆異黃酮和女性的荷爾蒙雌激素構造相似，而雌激素過多有促進乳癌細胞生長的作用。在實驗中單獨試驗大豆異黃酮時，發現根據其本身濃度或周圍的物質的影響，大豆異黃酮有協助雌激素的運作又或者抑制雌激素的相反作用，因此導致促進或抑制乳癌的兩極效果。

綜合各主要及大型的研究報告，進食完整黃豆不會引起乳癌，相反大部份結果顯示黃豆有預防乳癌的功效。不過這效果一般限於像普遍亞洲女性攝取黃豆的方式，即是完整天然黃豆或加工度低的黃豆製品，而不是像西方國家般從黃豆提取的大豆異黃酮或其他黃豆搾出物製成的營養補助品。

因此，筆者建議大家從豆腐、豆漿、納豆、「丹貝」（tempeh）（黃豆的發酵食品）等完整黃豆製品攝取營養。不過因為黃豆中的大豆異黃酮攝取量不適宜過多，所以可根據日本食品安全委員會建議大豆異黃酮的每天食用量上限的 70-75 毫克（相等於大概 370 克豆腐、300 毫升豆漿或 100 克納豆）。

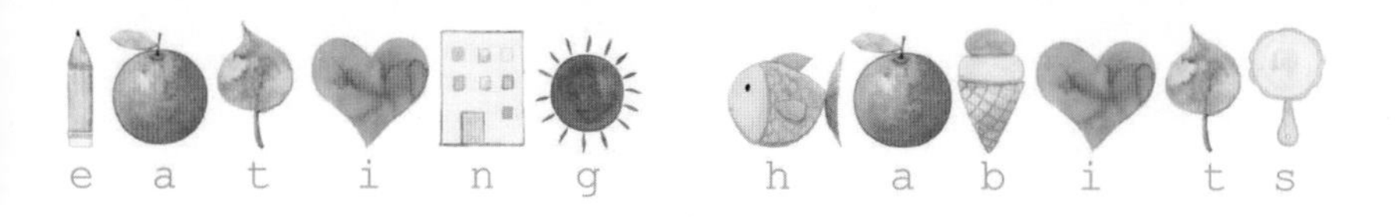

密碼 51

適量咖啡能降低患癌症風險

有超過 1 千份研究報告是關於咖啡和癌症的關係，而大部份顯示咖啡對預防癌症有正面影響。

人口研究發現，每天喝適量咖啡的人士有較低患上癌症的風險，包括肝癌、大腸癌、子宮內膜癌、前列腺癌等，而其中一份於 2012 年發表的龐大研究報告顯示飲用咖啡能降低死亡率。雖然少數早期的研究報告呈相反的結果而導致咖啡被以為有可能致癌，但近年科學家發現原來那是因為大家一般愛喝高溫咖啡而灼傷口腔及食道的細胞所帶來的影響，而不是咖啡本身會致癌。

咖啡因為是咖啡豆製成的飲料，所以它也有類似豆類的健康效益。咖啡含有豐富維生素 B2 及抗氧化物質「多酚」（polyphenol），其中「綠原酸」（chlorogenic acid）、「咖啡酸」（caffeic acid）及「木酚素」（lignan）等有抗炎、控制癌細胞生長及促進變異細胞凋亡等的功效。

研究亦發現咖啡因有促進致癌物質通過消化系統排出體外的功能，有助保護大腸細胞。此外動物及人類研究指出咖啡有可能抑制「胰島素抵抗」（insulin resistance），有助防止胰島素分泌過高，而高胰島素水平會促進癌細胞生長。另外咖啡在烘烤時會產生「N- 甲基吡啶」（N-methylpyridinium），它有助把致癌物質代謝成為無害物質。

暫時的研究數據顯示即沖咖啡的抗氧化力比起需要經過沖煮過程的咖啡弱。此外要注意攝取過多咖啡因會加速心跳、提升血壓及影響睡眠等，而且在中醫角度咖啡屬於寒涼飲料，所以飲用要適可而止。

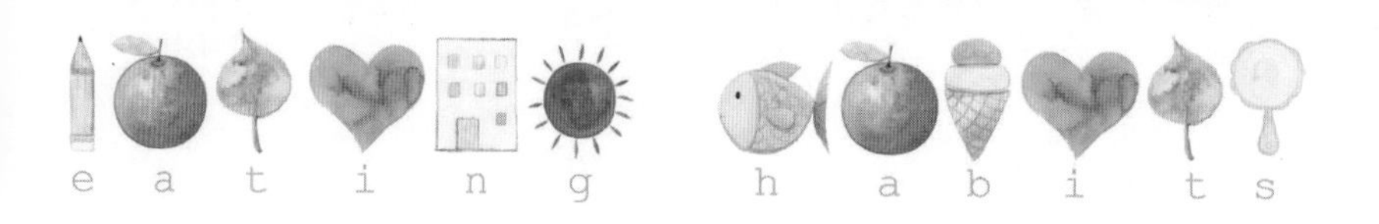

密碼 52 大蒜可能是最優秀的防癌香料

香料除了有優秀的保健及抗癌效用，又能暖身，而且能提高味蕾的敏感度而有助減鹽。香料中以大蒜、洋蔥和薑等在中菜的使用尤其普及，而且關於它們的抗癌作用的研究數據亦相當多及廣泛。

大蒜和預防多種癌症有關。數個人口研究顯示大蒜的攝取量越多，患上大腸癌、胃癌、食道癌、胰臟癌、前列腺癌及乳癌等的風險就越低。綜合 7 個研究報告的結果，常吃大蒜的人士平均有低 30% 患上大腸癌的風險（可是大蒜的「營養補助品」（dietary supplement）則沒有此功效）。其中一個研究發現進食最多大蒜的女性比進食最少的，有低 50% 患上遠端腸癌的風險。另一個研究發現每天吃大量大蒜能降低患上胰臟癌的風險超過 50%。數個臨床實驗中（除了一個例外）都顯示大蒜對胃癌、大腸癌及皮膚癌等有預防或治療功效。

大蒜屬於「蔥屬」（allium）蔬菜，含有「烯丙基硫化物」（allyl sulfides），而這物質被視為大蒜的抗癌功效的主要元素。烯丙基硫化物能阻止致癌物質「硝胺」（nitrosamines）的形成及抑制其他致癌物質的活性，亦能直接抑制多種癌細胞的生長。烯丙基硫化物亦有提高抗氧化力、促進基因修補及減慢細胞繁殖等的功效。

有專家認為大蒜是抗癌力最強的香料，尤其因為相對其他食材，只需吃少量大蒜就有預防癌症的效果。一份研究報告顯示每天吃 10 克（大概 2 瓣）以上的大蒜，就能降低前列腺癌的風險達 50%。另外數份報告則發現每星期吃 5-6 瓣的大蒜，能降低大腸癌的風險達 31%，胃癌風險達 47%。而世界衛生組織則指出每天吃 2-5 克（大概 1 瓣）大蒜已經有助促進健康。大家可以這些份量作參考。

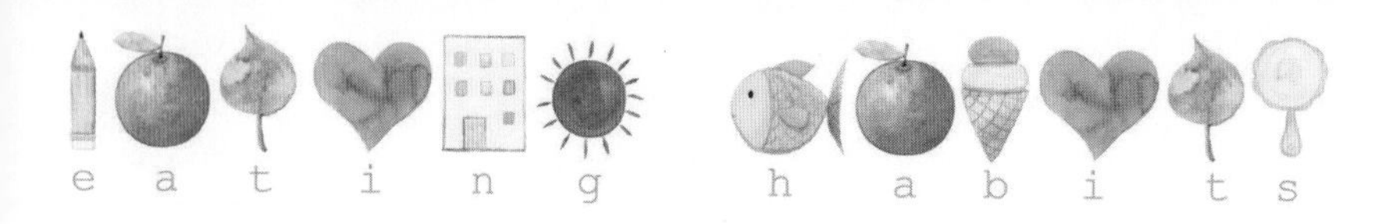

密碼 53

洋蔥既防癌又能保持血管健康

一個以 2 萬 5 千人為對象的研究發現，每天進食至少半杯切碎了的洋蔥加上一點大蒜的人士患上各種癌症包括食道癌、口及喉癌、乳癌、卵巢癌、前列腺癌及腎癌的風險，比很少吃的低 10-88%。其中食道癌的風險低達 88%，咽頭的風險減低達 84%，卵巢癌的風險低 83%，前列腺癌的風險低 71%，大腸癌的風險低 56%，乳癌低 25% 等。另外其他較小型的報告也有類似結果。

洋蔥能抗氧化及促進基因修補等，而且跟大蒜都屬於蔥屬蔬菜，所以也含有烯丙基硫化物，能阻止致癌物質的形成及減弱它們的活性，亦能直接抑制癌細胞的生長。洋蔥含有豐富類黃酮特別是「槲皮素」（quercetin），它能抑制多種癌細胞的生長、提高免疫力以及清除血液中的活性氧。槲皮素亦能防止血小板凝聚，有助保持血液循環順暢。

一般被大家捨棄的啡色的洋蔥皮含有最多的槲皮素，而在日本一些生產商就利用這些洋蔥皮造成茶葉發售。最外層的洋蔥肉亦含有比較多槲皮素，建議盡量保留。另外有研究發現生洋蔥或只稍微煮熟的洋蔥的抗前列腺癌的功效最高。

密碼 54 薑既防癌亦能暖身

細胞實驗顯示薑能抑制卵巢癌細胞的生長及血管新生，甚至令它們死亡。薑也對前列腺癌細胞、胃癌及胰臟癌細胞等有部份類似效果，而在動物實驗中薑被證實有縮小腫瘤的功效。

薑含有的刺激性氣味的多酚特別是「薑酚」（gingerols）被認為是發揮抗癌效用的主要元素，而且它亦能抗炎及增強免疫力等。

可是根據一些動物實驗的結果，可能每天要吃接近 50-100 克才能抑制癌細胞（不過在人類身上未必一定需要相同份量）。這攝取量是不可能達到，但大家可以多利用乾燥了的薑片幫助提高攝取量。此外把薑風乾能把它的薑酚轉化為「類似物」（analogue）「薑烯酚」（shogaols），提供優秀的暖身作用。

另外要注意是薑有抗血小板的功效，所以如果有止血問題或在手術前後等時期則不適宜多吃。

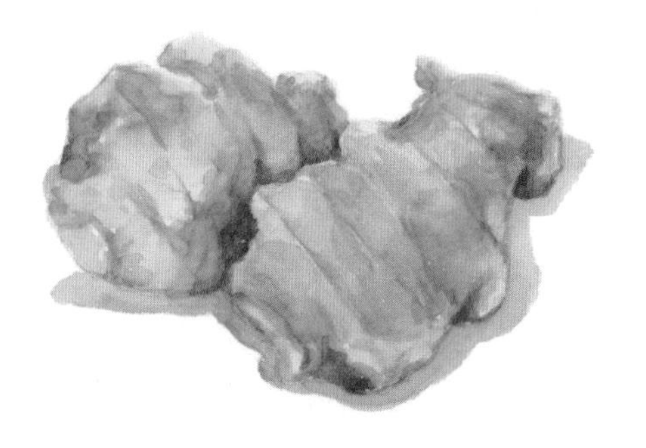

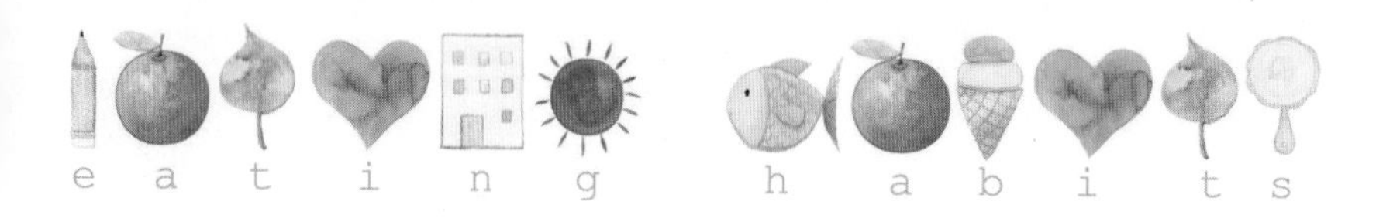

密碼 55 進食咖哩能補充大量抗癌物質

香料具卓越的抗癌功效但沒有副作用，所以科學家甚至研究能否把香料發展成對付癌症的療法。咖哩含有的香料眾多，能補充大量抗癌物質，而且把不同種類的香料一起進食能發揮「協同效果」(synergistic effect)。例如有研究報告發現洋蔥加上「薑黃」(tumeric) 的「薑黃素」（curcumin）能更為有效地抑制遺傳性大腸癌，所以咖啡食品被認為有優秀的防癌作用。除了上文描述的大蒜、洋蔥或薑是咖哩中常見的香料外，以下是其他幾種咖哩中經常用到的香料。

1）薑黃

金黃色的薑黃常用於咖哩，它含有豐富植物生化素的薑黃素，具有非常突出的抗癌功效。現今在美國國家癌症研究所的資料庫搜尋有關薑黃素和癌症的科學論文，竟然可以檢出 3 千多份報告，顯出薑黃素的抗癌功效受注目的程度。研究報告普遍一致支持薑黃素能預防多種癌症，包括大腸癌、胰臟癌、肝癌、食道癌、前列腺癌及多發性骨髓瘤等。

其中一個研究報告顯示利用薑黃素配合化療能提高療效，在超過 80% 的動物身上薑黃素都能縮小腦腫瘤及抑制腫瘤的擴散。經常食用薑黃的印度人民患上大腸癌、肺癌、乳癌或前列腺癌的機率比美國人的低數倍至 20 多倍不等。薑黃素能干擾正常細胞轉化成為癌細胞、異常細胞及癌細胞的生長，並且促進它們凋亡。薑黃素的其他作用包括活化免疫細胞、抗炎、抗氧化及阻礙血管新生等。

調查顯示現成的咖哩粉含有的薑黃素份量很少，所以建議使用薑黃粉再加上其他香料來親自調製咖哩會更有益。

2）小茴香

細胞實驗結果顯示「小茴香」（cumin）阻礙血癌細胞、皮膚癌細胞、胰臟癌細胞、肺癌細胞及乳癌等的生長，甚至引發它們凋亡。另外在動物實驗中發現小茴香能預防胃癌、大腸癌、前列腺癌及子宮頸癌等。至於人類的臨床研究報告，暫時似乎只有一個小型的，發現小茴香能阻礙癌前病變演變成為癌症。另外研究亦發現在人民平均每天吃 100-200 毫克小茴香的地區，某些癌症的機率較低。

小茴香中的多種植物生化素除了能直接令癌細胞凋亡外，也能活化把致癌物質除掉的酵素「谷胱甘肽 -S- 轉移酶」（glutathione-S-transferase；GST），所以有助排毒。小茴香也有抗炎、抗氧化及抑制血管新生等功效。

3）丁香

研究報告顯示「丁香」（clove）能抑制多種癌細胞，包括乳癌、子宮癌、大腸癌、胰臟癌、肝癌等。此外在動物實驗中丁香有縮小大腸腫瘤的功效。丁香的植物生化素能抑制癌細胞的生長及促進它們凋亡，亦能干擾大腸細胞異變及防止基因受傷。丁香也像小茴香一樣能活化把致癌物質除掉的酵素谷胱甘肽 -S- 轉移酶，從而減少體內的致癌物質，而且丁香也有抗氧化、抗炎及阻礙血管新生等功效。

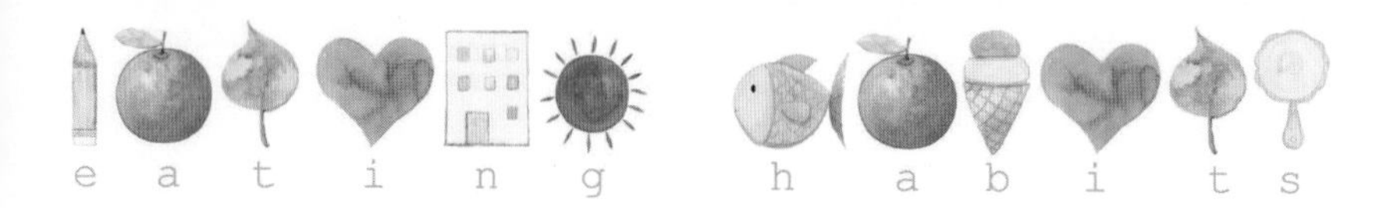

4）辣椒

2015 年中國發表了一份訪問接近 50 萬人的調查報告，顯示每星期吃 1 至 2 次辛辣食品比少於 1 次的，能減低死亡率 10%。細胞實驗結果顯示辣椒中的主要成份的「辣椒素」（capsaicin）能抑制前列腺癌細胞、血癌細胞、皮膚癌細胞、胰臟癌細胞、肺癌細胞及乳癌等的生長，甚至引發它們凋亡。有報告發現辣椒素能降低促進前列腺癌細胞生長的「前列腺特異抗原」（prostate-specific antigen；PSA）的表達及活性。另外在動物實驗中辣椒素能縮小前列腺癌及胰臟癌腫瘤（但少數報告逞相反結果）。人類的臨床研究報告暫時不足，所以未有結論。

辣椒素能攻擊癌細胞製造能量的「線粒體」（mitochondria）以及某些蛋白質而引起癌細胞凋亡。但有一點要注意的，就是吃辣椒要適可而止，如果胃部有灼熱感覺，代表炎症正在引發，必需停止否則會損害胃部健康。

密碼 56 控制體重的 10 個飲食貼士

本書提到肥胖帶來致癌風險，因此以下提供 10 個以飲食方法來控制體重的貼士：

1）午餐吃得最豐富

一天之中把午餐定為吃得最豐富，也不容易有熱量過剩的問題。身體在中午不容易儲存脂肪，因為指揮儲存脂肪的荷爾蒙「BMAL1」（Brain and Muscle Arnt-Like protein-1）由接近中午開始至 3 時左右分泌，然後開始下降。大家可以先設定午餐的熱量，然後根據它來決定早餐和晚餐較為少的熱量。例如如果想 BMI 以大概 20 作為目標的話（適合少活動量、想保持纖瘦體型的女生），午餐可以大約 600-700 卡路里作為基準，並設定早餐和晚餐的熱量比這低就可以了。

2）晚上不吃澱粉質食物

晚餐後再過數小時就到睡眠時間，如果攝取了過多的熱量就會被轉變成脂肪儲存起來。另外 BMAL1 在晚上 8 時後開始增加分泌，所以晚上如果吃得多特別容易肥胖。澱粉質食物刺激胰島素的分泌，特別令脂肪容易堆積，所以晚餐可以不包括任何飯、粉、麵、麵包、薯仔等。

3）保持吃早餐的習慣

有些人會以戒掉早餐的方法來減肥，但如果不吃早餐，午餐便會多吃了，本來處於極低水平的血糖就會突然急速上升，刺激胰島素就

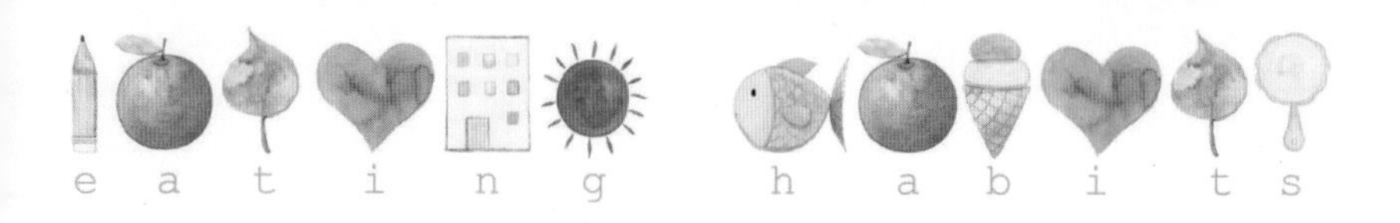

會大量分泌而堆積脂肪。一天應該保持吃三餐，尤其在早上因為身體已長時間缺乏營養供應，特別需要能量燃燒脂肪。事實上研究顯示吃早餐有助控制體重，而且能抑制想要吃高脂或高糖的零食的慾望。

4）多吃蔬菜

蔬菜一般來說熱量及脂肪少，但含有豐富維生素、礦物質及食物纖維素等，對代謝、消耗熱量及燃燒脂肪十分重要。

5）多吃食物纖維素

除了蔬菜外，水果、豆類、全穀類例如全麥麵包、全麥意粉及糙米等都含有大量食物纖維素，能阻礙脂肪及糖的吸收。此外食物纖維素帶來飽肚感高，有助減少食量。

6）保持營養均衡

有些人會以素食來減肥，但如果計劃不好會容易導致蛋白質不足。由蛋白質組成的肌肉因為消耗熱量迅速，而蛋白質亦是製造燃燒脂肪和製造肌肉的酵素及荷爾蒙等的必需材料，所以缺乏蛋白質的話會令肌肉量減少以及造就易胖體質。

7）多喝水

喝水時身體會消耗一定的熱量來把水變暖及吸收。水亦能刺激浸透功能和促進脂肪的代謝。研究發現喝半公升的水可以令代謝率在半小時後上升了 30%，所以喝水有助減重。

8）不時吃點醋

醋能抑制把醣類分解的酵素的活性，所以能延緩血糖的上升速度，減低胰島素的分泌。此外醋有增加飽肚感的功效，而且它含有的多酚能抗氧化，初步研究還顯示醋可能和抗癌有關。

9）用 20 分鐘慢慢進食

大家有沒有發現吃飯吃得太急容易不知不覺吃多了？這是因為傳達飢餓信息的荷爾蒙「生長激素釋放肽」（grehlin）要到進食後大約 20 分鐘後才會減退；而另一方面抑制食慾的荷爾蒙「瘦素」（leptin）則要待進食 20-30 分鐘後才能釋放出來。因此我們必需要用至少 20 分鐘慢慢吃才會有飽肚的感覺。

慢慢進食亦可以增加咀嚼次數，從而刺激大腦分泌「組織胺」（histamine），它有抑制食慾及促進脂肪分解的功效。

10）少喝酒

酒中的醣類成份會致肥，而且酒精本身既堆積脂肪同時又抑制脂肪燃燒。因為酒精的分解過程會促進「中性脂肪」（neutral fat）的合成，同時降低身體代謝脂肪的功能。酒精亦是寒性飲料會令身體冷下來，加上會產生活性氧而削弱代謝力。

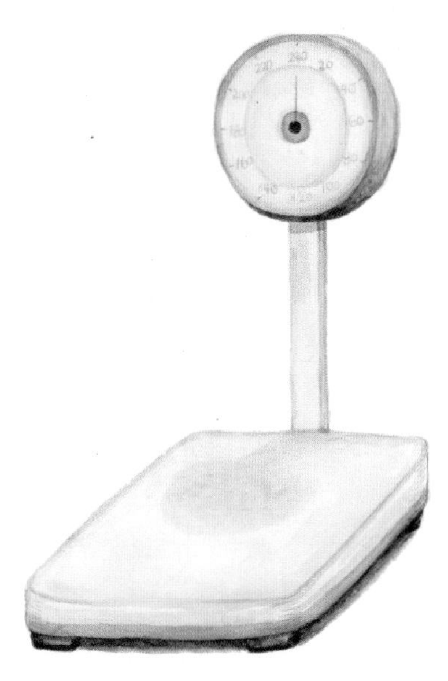

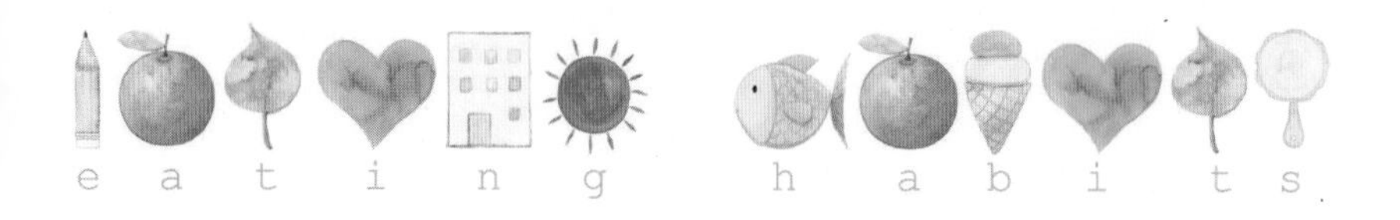

密碼 57

腸道菌叢主宰整體健康

腸道是保護人體防止受到病毒或有毒物質等侵害的最大器官。當有害物質侵入身體時，腸道會以最快的速度引起腹瀉，將毒素排出體外，或送出免疫細胞來排除異物。據估計腸道的內壁住著最多達 100 兆 1 千種類以上、重達 1.5 千克的細菌。在顯微鏡下這些細菌看起來像一堆堆的花叢一樣，所以被稱為「腸道菌叢」（intestinal flora）。

這些腸道細菌中有有益菌（益生菌就是有益菌，包括乳酸菌和部份酵母菌）、有害菌及伺機菌。有益菌抑制有害菌的生長，也能提高免疫細胞的活性和促進腸壁蠕動，並且促進某些維生素的合成。有害菌則會削弱免疫細胞的活性、引發炎症或產生毒素而引起疾病。最近的研究發現某些有害菌會製造「脫氧膽酸」（deoxycholic acid；DCA），它都會傷害大腸細胞及促進腸道產生致癌物質。

除了排毒及維持免疫功能外，腸道菌叢也擔當其他任務，包括製造維生素 B 及 K 等、氨基酸及有「幸福荷爾蒙」之稱的荷爾蒙血清素等。因此良好的腸道菌叢是健康的重要關鍵。

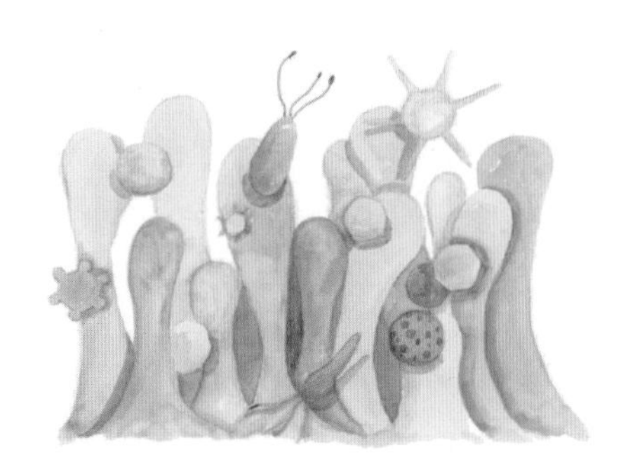

Column

肥胖人士的腸道菌叢與眾不同

每個人的腸道菌叢也不一樣，但原來肥胖人士之間會有比較類似的腸道菌叢。他們的腸道的細菌種類相對下比較狹窄，有益菌的比例亦較為少，而且維持正常代謝及體重的細菌亦較為缺乏。

腸道內某些有益菌會製造「短鎖脂肪酸」（short chain fatty acids；SCFAs），而近年研究發現短鎖脂肪酸能抑制食慾、減低膽固醇及「甘油三酯」（triglycerides）等，有助體重管理，而且還有抑制大腸癌的功效。所以如果這些有益菌減少理所當然人就容易長胖。

引起肥胖的因素眾多，其中包括嬰兒期欠缺母乳。最近有報告指出嬰兒期如果沒有喝母乳的話，身體會欠缺一些養育腸道中有益菌及抑制有害菌的物質，導致長大後有更高的肥胖風險。下一篇文章會講述其他因素。

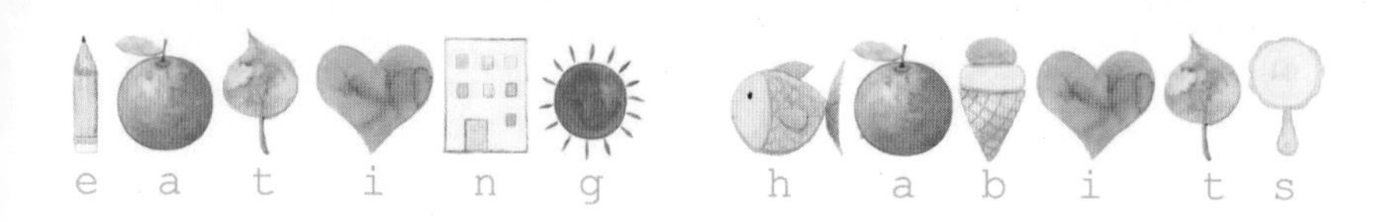

密碼 58 腸道菌叢受飲食及生活習慣影響

最近其中一項最大關於腸道菌叢的研究「佛蘭芒腸道菌叢方案」（The Flemish gut flora project），進一步解開了科學家對腸道菌叢和健康、飲食及生活習慣之間的關係的疑團。

科學家發現有 69 種因素會影響腸道菌叢，當中以糞便通過腸道的時間和腸道菌叢關係最密切，難怪保持每天定時大便的習慣如此重要。比較令人驚訝的是靜心的習慣也和腸道菌叢有關，相信是因為靜心能釋放壓力所以減少活性氧，從而幫助打造好的腸道菌叢。

此外飲食方面以食物纖維素對腸道菌叢影響最大，能促進有益菌繁殖，而藥物例如抗生素、避孕藥等則會破壞腸道菌叢。實驗結果顯示給年幼老鼠吃抗生素會令牠們的體重增加最高達 15%，而研究亦顯示常吃高度加工食品會減少腸道的細菌種類，從而提高肥胖的風險。

控制過多脂肪及蛋白質的攝取，以及保持適量運動也十分重要。高脂肪飲食會令有害菌製造更多致癌物質，而過多蛋白質亦令有害菌增加而製造毒素。另外腹部肌肉容易衰退而減弱腸道的蠕動，所以建議多鍛鍊這部份的肌肉，也可多練習腹式呼吸。

密碼 59 益生菌有助打造健康的腸道菌叢

說到底，怎樣才算是健康的腸道菌叢呢？一般來說，有益菌對有害菌的比例為 2:1 為最理想，而上文提到生活或飲食習慣等都會影響這個比例。

近年科學家發現含有「益生菌」（probiotics）（包括乳酸菌和部份酵母菌）的食品能有效增加腸內的有益菌。雖然有研究發現這些益生菌到達腸道時大部份都被胃酸及膽汁等殺死了，但它們的存在仍能促進腸內有益菌生長。

益生菌是有益菌中的一大類別，它們在發酵食品中最豐富，例如日本的味噌、納豆、乳酪、芝士等。但要注意一般的乳酪因為是奶製品，所以每天攝取量建議控制在 100-200 克的範圍（當然芝士也要注意）。選擇植物性乳酪會比較健康，例如以黃豆或蔬菜水果等發酵製成的乳酪。另外亦要小心的是味噌鹽份較重。

Column

日本的乳酪按益生菌的種類區分

日本科學家對益生菌的研究很積極，他們發現每個人都有自己合適的益生菌種類，因此日本的乳酪根據益生菌種類而區分。例如有「乳酸菌」（Lactobacillus）的 LGG、R-1、1073 等，或「雙歧桿菌」（Bifidobacterium）的 BB536、GCL2505 等，種類繁多。

日本的科學家發現特定的益生菌的種類對某些健康狀況有改善功效，例如 LGG 乳酸菌有減少幼兒的「異位性皮膚炎」（atopic dermatitis）的病發率達一半的報告，而各種雙歧桿菌則一般對便秘、肚瀉或過敏性鼻炎特別奏效等。此外專家們建議如果連續 2 星期每天都吃同一益生菌種類的乳酪而健康問題沒有改善的話（例如便秘、肚瀉、大便的形狀及氣味、皮膚質素、患病等），就代表它未必適合自己，應該改試另一種乳酪。

密碼

60 益生素是優質的食物纖維素

「益生素」（prebiotics）屬於食物纖維素的一種，它不會被人體消化吸收，但能促進益生菌生長（並非所有食物纖維素都擁有這特性），所以含有益生素的食品能打造健康的腸道菌叢。

益生素中以「寡糖」（oligosaccharide）的健康功效最廣為人知。寡糖進入腸道後不會被分解，但會成為有益菌的雙歧桿菌的餌而促進它們的生長。研究顯示進食寡糖可以大幅提高雙歧桿菌的數量，亦有臨床試驗指進食寡糖可以在數小時內就治好便秘。

含有特別豐富寡糖的食物則有洋蔥、大蒜、牛蒡、海藻、甘蔗、全穀類特別是薏米、洋薏米和燕麥、蘆筍、黃豆、牛奶或水果等。市場上也有從牛奶或甘蔗等提煉而成的精製寡糖出售，因為它帶甜味，可被用來作為代糖。

Column

糞便微生物移植將成為新興治療

研究發現腸道菌叢會影響癌腫瘤的生長速度或抗癌藥的效果，這解釋了同樣的癌症或治療在不同病人的身上有不一樣的結果的其中之一個因素。

根據科學家的估計，腸道菌叢對癌症的影響可能源自腸道細菌對炎症或荷爾蒙分泌、和免疫細胞的關係等，從而左右病情。因此分析病人的腸道菌叢被認為有助計劃治療方式以及預測藥物的效果或病情的進展。此外，如果癌症治療配合益生菌以及其他有益腸道的飲食習慣，亦有可能有助提高藥物的療效。

近年「糞便微生物移植」（fecal microbiota transplantation；FMT）備受注目，它的原理是把健康人士的糞便中的細菌移植到病人的腸道中，藉此改變病人的腸道菌叢。糞便微生物移植對治療「艱難梭菌感染」（clostridium difficile infection；CDI）甚為有效，另外在臨床實驗中它亦能成功治療長期便秘及「腸易激綜合症」（irritable bowel syndrome；IBS）等。因此，科學家認為將來糞便微生物移植亦有可能用來配合癌症治療，把病人的腸道菌叢改變以提高療效。

密碼 61 高溫飲料是二級致癌物

世界衛生組織轄下的國際癌症研究所在2016年把「非常熱」(very hot)的飲料列為二級(group 2A)致癌物，表示它有可能致癌，尤其是食道癌。而「非常熱」的飲料是指那些高於65℃的飲料。

在中國、南美、土耳其及伊朗等不少國民愛飲用高溫飲料(據估計高於70℃)，而研究發現他們患上食道癌的機率相對較為高。同時其他報告亦顯示飲用高溫飲料會提高食道癌的風險。

高於65℃的飲料會灼傷喉嚨及舌頭，容易引起發炎及令細胞受傷，結果促成癌變。根據2012年的數據，全球每年有超過800萬宗因為癌症導致死亡的個案，當中食道癌佔達40萬宗，即5%，比例相當高。當然香煙及酒精是食道癌的主要風險因素，但高溫飲料也不容忽視。在冬天時大家都喜愛喝熱飲取暖，但是因為身體冰冷，所以接觸太熱的飲料也不容易察覺，必需額外小心。

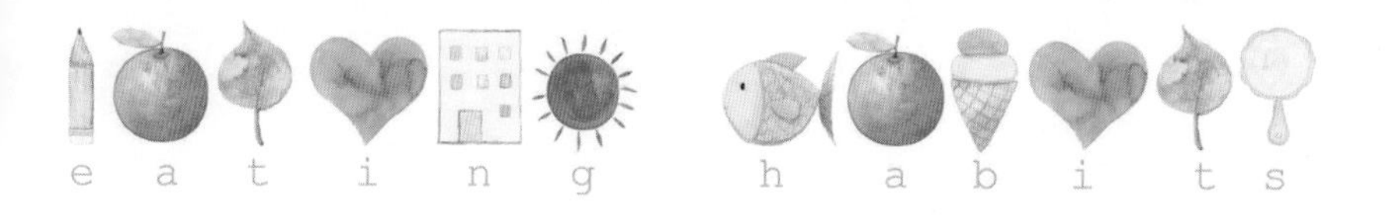

密碼62 紅肉是二級致癌食物

世界衛生組織轄下的國際癌症研究所把紅肉包括牛、豬、羊、馬等定為二級（group 2A）致癌食物，表示它有可能致癌，尤其是大腸癌，其次是胰臟癌及前列腺癌等。

日本的傳統飲食習慣是少肉多菜，而蛋白質主要來源是從魚類攝取。可是近幾十年西式飲食在日本大行其道，肉類的攝取量隨之大增，魚類則吃少了。調查發現每天吃肉類的日本女性比那些少吃或完全不吃的，有高達 8.5 倍的乳癌風險。

最近美國國家衛生研究院轄下的「美國退休人士協會」(American Association of Retired Persons；AARP）以 50 萬位美國人作對象的調查發現，那些在 10 年內每天平均吃 4 安士（即 113 克）的紅肉的男性比那些吃 0.5 安士（即 14 克）的，有高達 31% 容易因為癌症或心臟病而死亡的機率。4 安士雖然只是很少的份量的紅肉，但卻帶來如此影響。另外一個研究則追蹤 7 萬多名女性達 18 年，發現常進食大量紅肉及加工肉類的人士亦有更高因為癌症、心臟病或其他疾病引起的死亡率。

究竟是什麼因素令紅肉會提高癌症的風險呢？原因至少有 2 個，包括紅肉的成份以及烹調方法。在本書的第一部份提到紅肉含有大量「血紅素」（heme）及「左旋肉鹼」（L-carnitine），它們都會在腸

內或肝臟被代謝成致癌物質。這些物質會提高各種癌症特別是大腸癌等的風險。紅肉亦含有大量的飽和脂肪酸，不少報告指出它的攝取量和乳癌、卵巢癌、胰臟癌及前列腺癌等有正向關係。

烹調方法也影響紅肉中產生的有害或致癌物質的份量。煙燻、煎炒、油炸等高溫加熱的烹調方式會產生大量 AGE 以及致癌物質「多環胺類」（heterocyclic amines；HCA）和「多環芳香族碳氫化合物」（polycyclic aromatic hydrocarbons；PAH）等，後兩者在被代謝後能改變基因，而它們的產生在烹調紅肉時比白肉更為多。

以白肉或魚類代替紅肉的話會更健康，而吃紅肉的話，根據美國癌症研究所的指引，每星期的上限不宜超過 18 安士（即 510 克，煮熟後的重量）。

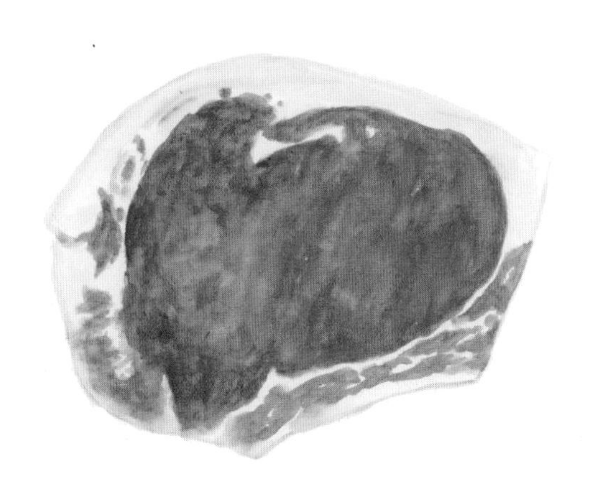

密碼

63 減少肉類害處的4個方法

1）低溫、短時間並且保持足夠水份的烹調法

避免煙燻、煎、炒、油炸、炭燒等高溫加熱的方式，改以低溫及保持足夠水份的煮法代替。例如低溫水煮或蒸，並且維持短時間，可大幅減少有害物質的產生，是健康烹調的黃金法則。

2）醃肉的小貼士

研究發現酸性環境能減少 AGE 的產生，例如用檸檬汁或醋把肉醃 1 小時然後才燒烤，可把 AGE 值減少一半。最近研究亦發現利用薑、「迷迭香」（rosemary）及「薑黃」（tumeric）醃肉能最有效地抑制致癌物質多環胺類的產生。所以把檸檬汁或醋再加上薑、迷迭香及薑黃是健康的醃肉調味料。

3）吃紅肉時配蔬菜沙拉

紅肉中的血紅素會在大腸內被代謝成為有害物質，它會損害大腸壁的細胞及促進細胞生長，如果多吃容易引起癌症。另一方面蔬菜中綠色的葉綠素卻有和血紅素相似的結構，所以能取代血紅素，抑制有害物質的形成。研究顯示熱力溫度

超過 100℃ 會破壞葉綠素的結構，所以生吃綠色蔬菜有助吸收最多的葉綠素，因此吃紅肉時建議配些綠色的蔬菜沙拉。

4）吃紅肉時配煮熟了的十字科蔬菜

十字科蔬菜例如西蘭花、椰菜花或捲心菜等含有「吲哚」（indoles）這物質，它能保護基因免受傷害及減少身體把肉類的致癌物質代謝成更危險的物質。吲哚在加熱後大量增加，而打碎或頻密的咀嚼也能幫助釋放吲哚。

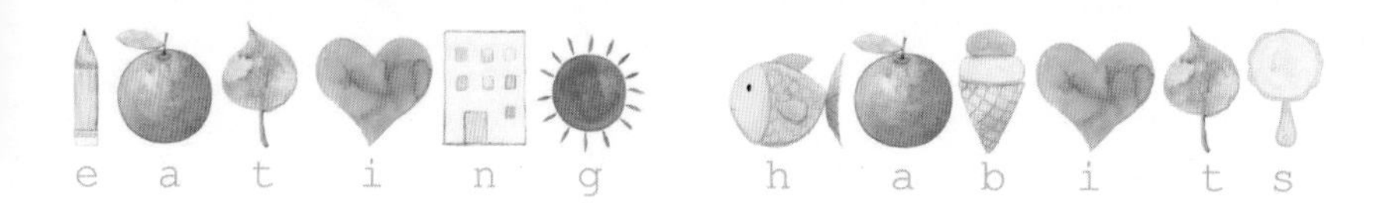

密碼 64 加工肉類是一級致癌食物

把肉類高度加工而製成的香腸、火腿、培根、臘肉、臘腸、莎樂美腸、午餐肉等比一般的紅肉更損害健康。2015 年世界衛生組織轄下的國際癌症研究機構把加工肉類定為一級（group 1）致癌食物，表示已經有充份證據證明它會致癌尤其是大腸癌，其次已經有不少數據顯示它也和胃癌及胰臟癌等有關。

經過來自 10 個國家的科學家分析 800 多份研究報告而得出的結論是加工肉類會引起癌症。他們發現每天吃 50 克加工肉類（相等於 4 片培根或 1 條香腸）會提高大腸癌的風險平均達 18%（有個別研究更高達 50%）。有報告亦指全球每年大概有 3 萬 4 千個因癌症死亡的案例是由進食大量加工肉類所導致的。另外一份跟蹤了 19 萬人達 7 年的報告發現，那些吃最多加工肉類的人士有高 67% 患上胰臟癌的風險。此外眾多科學研究一面倒的證實常吃加工肉類除了會提高癌症風險外，也會導致心血管病、中風及糖尿病等疾病。

加工肉類之所以損害健康，很大原因在於它含有的化學物質。大家有沒有覺得奇怪，未經煮熟的肉類很快會變壞，但為什麼加工肉類的生產商卻有辦法把生肉製成可以存放上 1 年的食品呢？方法就是加入大量的化學物質來防止細菌滋生了。可是這些化學物質也對人體有害無益。

舉例來說，加工肉類中經常含有「硝酸鈉」（sodium nitrate）或「亞硝酸鈉」（sodium nitrite），它們的作用是防腐及護色。在進食後，硝酸鈉及亞硝酸鈉在胃內會和胃酸及其他食物的蛋白質代謝物「胺類」（amines）混合而產生「亞硝胺」（nitrosamines）。另外加工肉類的製造過程中，例如醃製或燒烤等，也會產生亞硝胺。動物實驗證明亞硝胺是很強的致癌物，而且亦有數據顯示它和胃癌及食道癌有關。此外加工肉類通常都經過高溫加熱，或長時間的醃漬、鹽醃或煙燻，這些過程都會產生大量 AGE 及致癌物質。

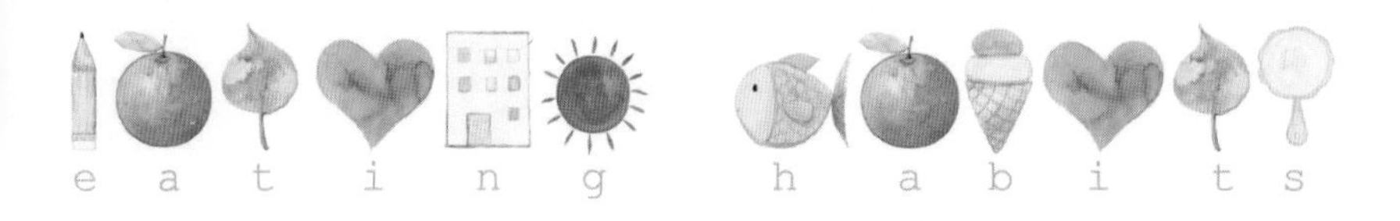

密碼 65

蛋白質要吃足

看過之前幾篇文章，大家千萬不要只減少吃肉類，但卻忽略從其他食物補充蛋白質，因為攝取足夠蛋白質是打造防癌體質的要素。

蛋白質是身體所不可欠缺的營養素，因為它提供的「氨基酸」(amino acids) 是組成身體各種重要物質包括抗氧化、修補細胞及免疫系統的酵素、免疫抗體、紅血球及荷爾蒙等的原料。這些物質對促進正常的新陳代謝、免疫功能和體內的酸鹼平衡等非常重要。

身體狀況能夠顯示蛋白質是否足夠，我們可以多加留意。通常蛋白質不足的徵兆包括皮膚暗啞、敏感或失去彈性、頭髮容易開叉折斷、指甲脆弱或有直紋、水腫、「經前症候群」(premenstrual syndrome；PMS)、容易生病、時常感覺疲倦、集中力低下或情緒容易不安或低落等。

另一方面攝取過多蛋白質會促進腸道的有害菌的繁殖，也會破壞免疫系統的平衡而令粒細胞增加，結果容易引起炎症，所以足夠便可以了。

美國疾病控制和預防中心建議成人每天應攝取大約 46-56 克的蛋白質。但因為 1 塊 50 克的肉不完全由蛋白質組成，加上加熱程序，最後實際只提供大概 10-12 克的蛋白質。

可是從健康角度考慮不宜吃太多肉類，所以建議把蛋白質來源多元化，例如多吃魚類、豆類（1 杯豆含有 ~15 克蛋白質）、果仁（1 杯杏仁含有 ~29 克蛋白質）、乳酪等來攝取蛋白質。其中以魚類及黃豆等既含有完全蛋白質，能夠提供人體內無法自行製造的「必需氨基酸」（essential amino acids），而且有益的脂肪比例較高，是健康的蛋白質來源。

密碼 66 吃多少脂肪才剛好？

脂肪是身體運作及細胞的組成所不可以缺少的營養，可是究竟要吃多少脂肪才足夠而又不會破壞健康？

美國農業部建議每天攝取的熱量可以有 20-35% 從脂肪來源。過量的脂肪促使腸道的有害菌製造更多致癌物質，而過多的動物脂肪（除了魚類）比植物脂肪一般比較容易引起健康問題。美國癌症協會亦建議要控制動物來源的食物比重，以及選擇比較瘦的肉類等。

另外因為脂肪亦存在於食材中，所以不容易衡量。原則上建議除了選擇比較瘦的肉類之外，亦應把添加油的使用量調低，即是烹調時避免以油炸或煎炒的方式，以及注意加工食品的添加油的含量。另外，因為食物纖維素能阻隔過多脂肪的吸收，所以攝取足夠蔬菜、水果及粗糧等會有幫助。

密碼67 肉類脂肪對健康沒有好處

承接上文，為什麼肉類脂肪對健康百害而無一利呢？

根據各國的研究報告，時常攝取動物脂肪的人士患上大腸癌的風險也較為高。動物性油脂含高膽固醇及「飽和脂肪酸」（saturated fatty acids）。膽固醇在血液中和蛋白質連結在一起，形成「低密度脂蛋白」（low density lipoprotein；LDL）及「高密度脂蛋白」（high density lipoprotein；HDL）。我們的身體的正常運作需要 LDL 及 HDL，但如果太多 LDL 則會阻塞血管而提高心臟病的風險，而血液循環不良亦不利防癌。研究顯示攝取過多飽和脂肪酸會提高血液中 LDL 的水平。

2016 年哈佛大學的研究人員發表了一個追蹤了 32 年、以接近 13 萬人為調查對象的報告，證明越多吃飽和脂肪酸，因為癌症或心臟病等而死亡的機率就越高。每多吃 5% 飽和脂肪酸，死亡的機率就高 8%。其他調查顯示飽和脂肪酸的攝取量和乳癌、卵巢癌、胰臟癌及前列腺癌等亦可能有關。

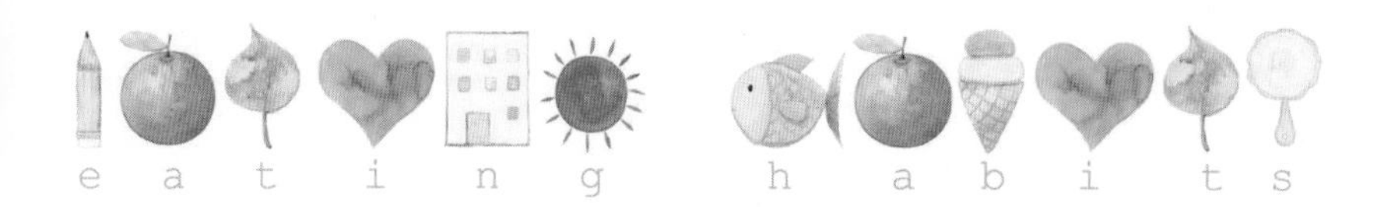

密碼 68 反式脂肪促進炎症

「反式脂肪酸」（trans fatty acids）或俗稱反式脂肪是健康的大敵。業界將植物油的脂肪酸以人工氫化的方法而產生反式脂肪，可是近年已經發現反式脂肪經進食後會促進炎症、提高 LDL 而減低 HDL 的水平、擾亂代謝、引起肥胖並增加罹患糖尿病及心血管疾病等的風險。根據各項研究結果顯示，即使每天只攝取少量反式脂肪都會傷害健康。哈佛大學的研究報告指出每天攝取的熱量中，源自反式脂肪的每 2% 熱量的攝取就能夠提高心臟病風險達 23%，以及死亡率達 16%！另外一個調查亦顯示吃得最多反式脂肪的人士比最少的，有高達 25% 的死亡率。

反式脂肪會引起炎症，所以有提高癌症風險的顧慮。關於這方面的研究尚未充足，但暫時的數據顯示反式脂肪會提高癌症風險。

雖然美國 FDA 已經禁止食品使用反式脂肪，但仍然有很多國家包括加拿大、澳洲、大部份的歐洲國家、日本等仍然未實行管制措施。反式脂肪酸通常在高度加工食物中使用，例如即食食品、冷凍食品、調味醬、人造牛油、蛋糕、餅乾、朱古力、糖果等。

密碼 69 植物油也分好油與壞油

一般人認為植物油比動物的脂肪有益，因為它們含高不飽和脂肪酸但不含膽固醇。可是事實上並非如此簡單，因為植物油也分為好油與壞油。

油脂中的必需脂肪酸是人體不能自行製造，必需依賴食物來源的營養素，對維持健康十分重要。「奧米加 6 脂肪酸」（omega-6 fatty acids）是其中一種必需脂肪酸，既是不飽和脂肪酸而且來自植物（玉米、芝麻、花生等）。本來適量的奧米加 6 脂肪酸對身體有多種好處，可是近年的調查數據都清楚表明現代飲食模式令奧米加 6 脂肪酸攝取量過高，結果提高了體內炎症的風險，對防癌不利。

所以即使是植物油，應避免奧米加 6 脂肪酸比例高的種類，例如玉米油、麻油或花生油等。另外椰子油和棕櫚油因為和其他植物油不一樣，它們含有高飽和脂肪酸，也應該注意。

Column

壞脂肪吃過量的影響

日本在 50 年代之前有非常少的乳癌病例，但自從飲食模式趨向西化後，乳癌個案陸續飆升。與此同時，當乳癌比率低的日本家庭移民到美國後，他們的女兒會變得更容易患上乳癌，有著跟其他美國女性一樣的乳癌風險。

在 4、50 年代，日本飲食以蔬菜粗糧為中心，而日本人每天從食物攝取的熱量只有 7-10% 是由脂肪得到的；反觀美國飲食則一向以肉類、奶製品及煎炸食品等為主，而美國人的熱量達 35% 是由脂肪得到。這些以動物脂肪（包括大量飽和脂肪酸）為主及包括反式脂肪的高脂肪飲食，除了提高乳癌風險外，調查發現飲食中脂肪越多的人口就會有越高的大腸癌及前列腺癌的死亡率。

大家攝取過多的通常都是對身體無益的壞脂肪，這些脂肪致肥外，也促進膽汁在腸內由細菌轉化成二次膽汁。而二次膽汁當中的「脱氧膽酸」（deoxycholic acid；DCA）會產生活性氧及「活性氮」（reactive nitrogen species；RNS），它們兩者都會傷害大腸細胞的基因，也導致腸道中有害菌的繁殖而產生致癌物質，所以會提高大腸癌風險。

此外，脂肪會刺激女性雌激素的分泌，所以高脂肪飲食令雌激素分泌過多從而提高乳癌的風險。前列腺癌細胞亦和乳癌細胞相似，它的生長受男性荷爾蒙「雄激素」（androgen）所影響，而高脂肪飲食令雄激素分泌過多而提高前列腺癌的風險。暫時數據顯示任何脂肪包括好脂肪也會刺激性荷爾蒙的分泌，但好脂肪可能因為它們對健康造成其他好的影響，所以並不會提高乳癌或前列腺癌的風險。

在此要順帶一提，有個別非常特殊的情況，即使是高脂肪飲食也似乎不會危害健康，在本書內會和大家討論。

密碼 70 吃油必選優質油

承接上文，因為並非所有油都一樣，重點是要小心選擇優質脂肪。

「單元不飽和脂肪酸」（monounsaturated fatty acids）沒有引起炎症的顧慮，而它的代表油脂是「特級初榨橄欖油」（extra virgin olive oil）、「茶花籽油」（camellia oil）（有東方橄欖油之稱）等。它們含豐富單元不飽和脂肪酸之外，還有各種抗氧化物質多酚、維生素 A、C、E 等，能抗氧化、抗炎症、降低壞膽固醇 LDL 及延緩血糖上升速度，而且它們本身不容易被氧化，特級初榨橄欖油更有穩定血糖的功效，是食油的好選擇。

魚類的油含有人體不能自行製造的必需脂肪酸、多元不飽和脂肪酸奧米加 3 脂肪酸的 DHA 和 EPA，被證實有減少炎症、抗氧化、修補細胞傷害、提高新陳代謝及血液循環等功效。另外有研究報告指奧米加 3 脂肪酸能減低患乳癌風險，雖然暫時仍需要更多的臨床證據確認它的防癌作用，不過奧米加 3 脂肪酸仍是值得推薦的優質油脂。除了魚類外，奧米加 3 脂肪酸亦可以從某些果仁、種子及豆類中攝取，特別是「亞麻籽」（flaxseed）、核桃及黃豆等。

以上介紹的都是不飽和脂肪酸，而 2016 年哈佛大學發表的研究報告顯示，接近 13 萬人的研究對象中，吃得最多不飽和脂肪酸的人士相對下有低 11-19% 的死亡率。

奧米加 3 脂肪酸的主要來源是魚類，特別是沙丁魚、秋刀魚、鯖魚、三文魚和吞拿魚等，而野生的比飼養的要含多點奧米加 3 脂肪酸。其他含量少一點的來源包括核桃、亞麻籽和深色綠葉蔬菜等。選擇食用油時建議避免使用玉米油、花生油等，而選購特級初榨橄欖油。

密碼 71 橄欖油必選特級初榨才有益

特級初榨橄欖油是第一輪最新鮮的橄欖油，而不加熱純粹以機器壓榨的是「冷壓」（cold pressed），以上方法提煉的橄欖油的氧化程度及酸度最低。冷壓的特級初榨橄欖油亦比一般的橄欖油含有的多酚豐富，有多達 30 種，所以抗氧化力及抗炎力特強。

最近發現橄欖油含有其中一種稱為「刺激醛」（oleocanthal）的多酚有非常優秀的抗炎效用，並且在實驗中能選擇性地殺死癌細胞，但不會傷及正常細胞。近年研究發現多酚能直接影響基因及血管，亦能調節腸道菌叢，從而影響細菌所製造的物質。例如多酚能刺激腸道製造短鎖脂肪酸，亦能抗炎及增強免疫力，有抑制大腸癌等的功效。

研究顯示比較次等的一般橄欖油或初榨橄欖油其實並沒有明顯的健康效益。因為它們是由第一次壓榨提煉後剩下來的橄欖渣再進行壓榨而製成的，所以營養當然就大為減少了。這些次等的橄欖油的標籤上會欠缺「特級初榨」（extra virgin）或「特級」（extra）的字眼，而且它們的顏色和味道較淡。

密碼72 提高優質油、減少劣質油攝取的12個方法

總括以上資料，和大家分享攝取優質油的 12 個實用的方法：

1）盡量以魚類代替肉類，其中多選擇沙丁魚、秋刀魚、鯖魚、三文魚和吞拿魚等，因為牠們的奧米加 3 脂肪酸 EPA 及 DHA 特別豐富。

2）吃肉類時，選擇少脂肪的部位。

3）情況許可的話，可選購使用草糧而不是穀類（奧米加 6 脂肪酸豐富的植物）飼養的動物的肉類。

4）動物的內臟可免則免。

5）加熱會令油發生一定程度的氧化，所以不時吃點魚生有助攝取優質的油脂。

6）不時吃果仁、種子及豆類，特別是含豐富奧米加 3 脂肪酸的亞麻籽、核桃及黃豆等。

7）食油建議選擇冷壓特級初榨橄欖油或茶花籽油，而盡量避免椰子油、棕櫚油、玉米油、麻油、花生油、牛油或人造牛油等。

8）減少吃高飽和脂肪酸、膽固醇及反式脂肪的加工食品，例如西式糕點、糖果、炸薯條、巧克力、香腸、速食食品、調味醬等。

9）控制奶製品的食量。

10）如果吃多了劣質油脂，可以多進食蔬菜、水果、豆類或全穀物等幫助排走毒素及減少氧化。

11）加熱過的油不能循環再用，必需丟棄。

12）油脂容易氧化，所以食油適宜買小瓶的（最好是玻璃做的瓶子），開封後蓋好然後存放於冰箱內最理想。

Column

愛斯基摩人飲食之謎

大家知道住在北極圈的愛斯基摩人的飲食方式嗎？他們的飲食其實極不均衡，主要為海豹、鯨魚及三文魚等油份甚高的魚類海產，但幾乎不吃水果及蔬菜（只吃一點草莓、海藻、草等），所以脂肪及蛋白質比例甚高，甚至有高達 50% 熱量是由脂肪而來。

愛斯基摩人這種飲食習慣似乎跟追求健康的背道而馳，但令人驚訝的是直到 20 世紀初愛斯基摩人幾乎沒有癌症，而且心臟病也比其他的民族低。（可是自從香煙流行起來，現今 10 位愛斯基摩成人中就有 8 位吸煙者，導致肺癌、乳癌及大腸癌等激增。）科學家對愛斯基摩人的飲食方式很有興趣，因為大家都想知道到底是什麼原因令他們在未有吸煙習慣前比其他民族健康。

愛斯基摩人的高脂肪飲食方式正好是「並非所有油都一樣」的最佳示範。他們吃的主要都是從魚類海產而來的優質油，含有非常豐富抗氧化力強及保護血管的奧米加 3 脂肪酸和單元不飽和脂肪酸，而提高心臟病的風險的飽和脂肪酸則甚少。此外這些食物的奧米加 6 脂肪酸也較少，有助防止引起炎症甚至癌症等。他們更習慣把魚肉等生吃，所以油脂也沒有因為加熱而氧化，有助保存珍貴營養。

此外，雖然愛斯基摩人的飲食欠缺蔬菜水果，但他們能夠從海豹等的內臟攝取豐富維生素及礦物質，特別是有助於防癌及抗氧化力強的維生素 A、D、E 及礦物質硒、鈣、鉀等。而因為維生素 A、D 及 E 屬油溶性質，所以他們的高脂肪飲食有助提高這些維生素的吸收率。愛斯基摩人也經常吃點海藻，而海藻含有豐富有助於防癌的營養素及食物纖維素。

密碼 73 素食加上魚類最有利預防腸癌

素食也分好幾種層次，除了「純素食者」（vegan）完全戒除所有動物來源的食物外，其他的「所謂」素食會加入個別種類的動物性食物。近年一份報告發現純素食可能並非最健康的飲食方式，反而把素食加點魚類最能防止腸癌。

這份在 2015 年由美國的科學家發表的一項研究報告，追蹤了接近 7 萬 8 千名健康人士的飲食方式。科學家們在分析數據時仔細地把年齡、性別、種族、教育水平、每天攝取的熱量、運動量及其他生活習慣、家族的腸癌歷史等都計算在內。

結果跟很多其他報告一樣，素食者患腸癌的風險比肉食者低。當中純素食者的腸癌機率比肉食者低 16%，但他們並非最低的組別，反而是素食加入魚類的人士，即「魚素食者」（pesco-vegetarian），他們患上腸癌的風險低 43%。換言之素食者吃點魚類就可以把患上腸癌的風險再降低 27%！

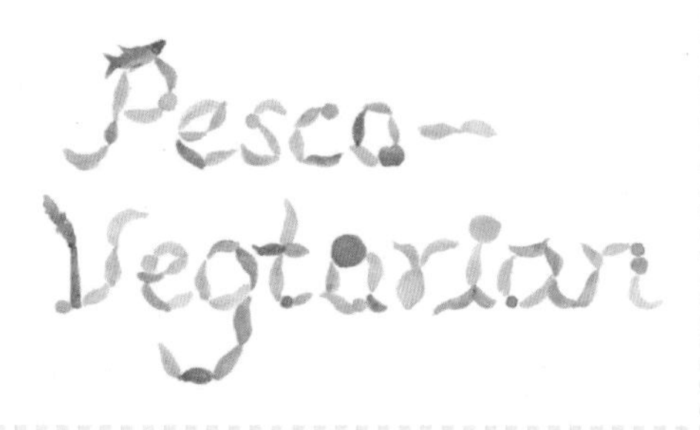

為什麼吃魚有如此防癌的效果呢？因為素食者容易從植物攝取了過多的奧米加 6 脂肪酸，帶來促進炎症的問題，而魚類提供的奧米加 3 脂肪酸則有助抗炎。魚類亦含有其他食物缺少的維生素 D，特別有助於預防大腸癌。此外，如上文提到，攝取足夠蛋白質是打造防癌體質的要素。素食容易有營養不均衡的問題，尤其是蛋白質不足。

另外值得一提的是「半素食者」（semi-vegetarian），即基本素食加入偶爾一次的肉類（在這報告裏界定為 1 星期不多過一次進食肉類），他們比一般肉食者患腸癌的風險低 8%，再次證明控制肉類有防癌效果。此外有專家指出素食者一般比較注重健康又或者是信奉宗教，所以他們會較少有吸煙及喝酒的習慣，而且也比較少吃加工食品等，亦相對下多做運動。所以良好生活習慣亦很可能是令他們較少患癌的原因。

大部份研究報告的結果顯示素食能減低患上多種癌症的風險，亦能減低患上冠狀動脈心臟病、高血壓、糖尿病等的風險，而且延長壽命。素食者一般來説比肉食者從植物吸收到更多維生素、礦物質、植物生化素及食物纖維素。研究顯示素食者的血液中有較高水平的抗氧化物 beta- 胡蘿蔔素，而且他們的白血球的「細胞毒性」（cytotoxicity），即毒殺癌細胞或受感染的細胞等的效率，比一般人高 1 倍。

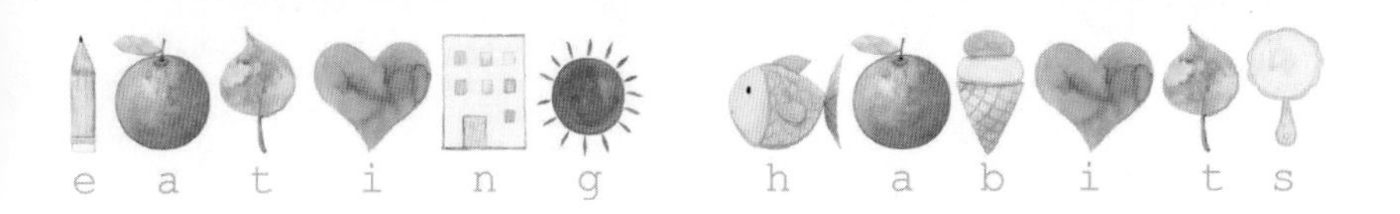

密碼 74 果仁含有珍貴營養

一些科學家把 36 個追蹤 4.6 年至 30 年不等、涉及 3 萬多人的群組研究及臨床試驗作綜合分析，最後在 2015 年發表「果仁能夠降低患癌風險」的結論。從整體的報告結果來說，果仁能平均降低患癌風險 15%；另外能降低大腸癌風險達到 24%，子宮內膜癌達 42%，胰臟癌達 32%。

果仁含有豐富單元不飽和脂肪酸、抗氧化物質多酚、維生素、礦物質及食物纖維素，有預防癌症及心臟病等的功效。各種果仁中以核桃在防癌方面研究最多。

在動物實驗中把核桃加入飲食中能減慢乳癌及前列腺癌的生長。此外有研究指出核桃的多酚抗氧化力最強，能減低前列腺癌的風險達 40%，亦能減慢腫瘤生長達 50%。核桃也含有豐富的多酚，進食後被代謝成為「鞣花酸」（ellagic acid），有助提高免疫力。核桃的其中一個特別之處，是比其他果仁含有更多人體不能自行合成的必需脂肪酸奧米加 3 脂肪酸「阿爾法亞麻酸」（alpha-linolenic acid；ALA），而 ALA 有助維持正常血脂及血壓等。4 份之 1 杯的核桃就能提供一天所須的奧米加 3 脂肪酸。

「巴西堅果」（Brazil nuts）的多元不飽和脂肪酸雖然較少，但含豐富礦物質「硒」（selenium），而它具有強力抗氧化作用。硒亦和降低前列腺癌、胃癌及膀胱癌等的風險有關，而且曾經有報告指硒能減少因為癌症而死亡的風險達到超過 60%。

此外杏仁含有豐富維生素 E，而它的防癌功效也很優秀。花生雖然亦很有營養，但是它容易被發霉的致癌物質「黃麴毒素」(aflatoxin) 所污染，所以必需注意。

選擇果仁的話，有機並且沒有調味的較為健康。把果仁存放在雪櫃有助減慢當中的油脂的劣化速度。另外果仁的熱量高，所以建議一天勿吃超過 28 克（1 安士），即大概 4 份之 1 杯。

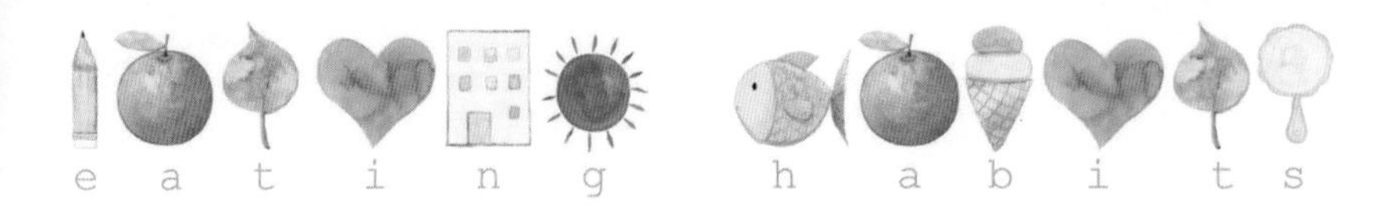

密碼 75 地中海飲食最防癌

長年以來科學家注意到住在地中海的人士患上癌症及心血管病的風險較低。其中超過 10 個研究顯示地中海的飲食習慣有助預防癌症，包括大腸癌、乳癌、子宮癌及胃癌等，以及減低因為癌症而引起的死亡率。近年更有研究發現地中海飲食有降低乳癌復發的機率。

地中海飲食的特別之處是大量蔬菜、全穀類、果仁、豆類、水果，多吃魚類及海產，控制紅肉、加工肉類、奶製品及酒精的份量。油脂則以橄欖油代替牛油。

在地中海居住的人士通常進食蔬菜及水果超過建議份量，達到 7-9 份，而且種類多樣化。地中海飲食亦提供豐富預防癌症及心血管病的魚油，以及含有抗氧化、抗炎和延緩血糖上升速度等的功效的橄欖油。另外因為肉類及奶製品攝取量少，所以飽和脂肪酸亦相對較為少。

研究地中海飲食的科學家提到預防癌症的一個重點，就是不專注吃某一個有益的食物類別，而是把飲食習慣調整到接近傳統地中海飲食方法，即是包括各式各樣的健康食物。

Column

地中海飲食再加上大量橄欖油可能更能預防乳癌

大家如果到過南歐旅行就應該留意到當地居民使用橄欖油的份量之多了。據估計美國及英國人每人每年平均攝取 1 公升的橄欖油（不是他們少吃油，而是因為他們多使用其他植物油），但希臘、意大利及西班牙人則達到 13 公升！

究竟進食大量橄欖油會帶來什麼影響？2015 年一份報告指出把地中海飲食再加上大量橄欖油，似乎更能提高預防癌症的效力。研究組別中以地中海飲食另補給每星期 1 公升的橄欖油的參加者患上乳癌的機率最低，下降達 68%，比起地中海飲食另補給果仁所減少乳癌風險的 41% 更低。

本書提到控制脂肪攝取量的重要，為什麼這研究中橄欖油食量這麼大，卻反而帶來健康效益？原因是地中海飲食整體營養均衡而豐富，加上脂肪優質。橄欖油是非常特別的脂肪，它能抗炎、降低壞膽固醇及抗氧化等，而且能延緩血糖上升速度，有助減重以及預防癌症。

不過，大家必需注意這研究的不足之處。在這 4282 位參加者中所發生的 35 宗病列屬於非常低比率，所以差異會顯得尤其大。另外這研究對象只限於西班牙的白人，亦沒有把身體檢查或其他習慣作出分析。所以將來的研究數據會有助確認，不過原則上這報告至少顯示大量進食橄欖油似乎不會有反效果甚至反而有益健康。

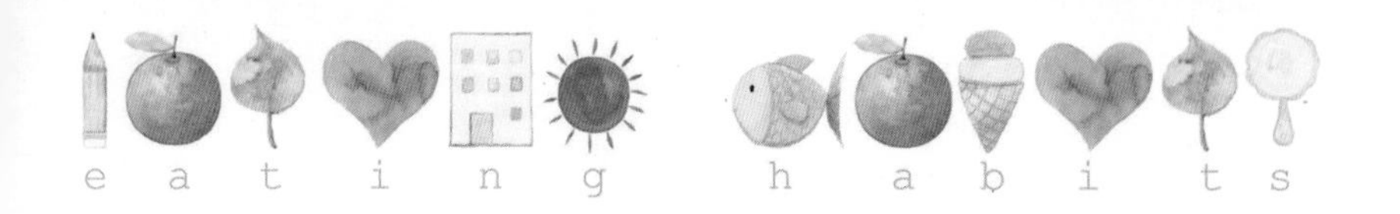

密碼 76 香菇能活化免疫細胞

以進食香菇來提高免疫力已經有長遠的歷史，而在古希臘時代香菇更被認為能延長壽命。現今據估計有多達 100 種香菇的健康效益正被研究中，而當中有好幾種已被證實有增強免疫力或抑制腫瘤的功效。

多份研究報告指出中國的靈芝含有的「靈芝酸」（ganoderic acid）除了能提高免疫力外，對多種癌細胞有毒性，能抑制癌腫瘤生長，而且影響和劑量成正比。此外在細胞實驗中把「舞茸」（maitake）的搾出物加入維生素 C 能在 72 小時內抑制膀胱癌細胞的生長達 90%，更能導致它們死亡。研究亦發現進食最多香菇的女性比進食最少的，有低 48% 患上乳癌的風險。

香菇含有的 alpha- 或「beta- 葡聚醣」（beta-glucan）被認為是增強免疫力及抗癌的主要元素，其中免疫系統的自然殺傷細胞的表面有對應 beta- 葡聚醣的「受容體」（receptor），所以 beta- 葡聚醣能活化免疫細胞從而提升免疫力。另外 beta- 葡聚醣有降低膽固醇及延緩血糖上升的優秀功效，是減重的好幫手。Beta- 葡聚醣當中以「香菇多糖」（lentinan）最被廣泛應用，被用來作為抗癌治療的輔助藥物。

眾多的臨床研究報告顯示香菇多糖能提高癌症病人的生存率及生活質素，以及降低癌症的復發率。其中一項研究報告發現肝癌病人在接受「經導管動脈化學栓塞」（transcatheter arterial chemoembolisation）及「射頻燒灼」（radiofrequency ablation）兩者合併的治療後，腫瘤壞死率為 60.3%，但把香菇多糖加入這合併治療後，腫瘤壞死率竟達到88.6%，而且復發率最低，病人的生存期最長。一個比較舊的日本動物實驗亦顯示，所有接受了肉瘤細胞移植的老鼠在進食了冬菇的搾出物後，腫瘤都能完全消退。

另外有報告顯示香菇的其他成份例如「凝集素」（lectins）及「漆酶」（laccase）等亦有調節免疫力的功效，而白蘑菇含有能夠降低雌激素的水平的物質，有助預防乳癌。

一項實驗發現連續1個月每天吃50克的天然香菇就能夠調節免疫力，而另外一個包括了10項研究的「元分析」（meta-analysis）報告則顯示每天多吃1克的香菇平均能減低乳癌風險3%。至於由香菇的搾出物製成的「營養補助品」或「保健食品」（dietary supplements）（例如靈芝丸等），它和之前提到的黃豆搾出物的營養補助品不一樣，暫時未有對健康造成不良影響的報告。唯獨是在製造香菇的營養補助品時必需使用高溫或酒精把成份分離，而這些程序有可能把營養破壞。

Column

日本癌症病人廣泛使用 AHCC

「活性己糖相關化合物」(active hexose correlated compound；AHCC）或俗稱「擔子菌精華提取物」，是利用「擔子菌科」（Lentinula edodes）香菇的菌絲體發酵而製成的營養補助品。AHCC 的成份中超過 40% 是能增強免疫力及抗癌的 alpha- 或 beta- 葡聚醣組成。

東京大學的研究團隊首先發現 AHCC 能改善高血壓，後來發現它更能活化免疫系統。幾份研究報告發現它能增強免疫自然殺傷細胞、巨噬細胞、殺傷 T 細胞、樹突狀細胞的活性等，更能改善免疫系統識別腫瘤的能力。AHCC 能延長原發性肝癌病人在切除腫瘤後手術的存活率、提高抗癌藥物的療效以及緩和化療帶來的副作用等。此外 AHCC 對糖尿病及肝病等也有療效。

在日本 AHCC 是癌症病人最廣泛使用的其中一種營養補助品。暫時來說 AHCC 的研究數據不足，不過除了日本外，近年其他國家例如美國、中國及韓國等都積極研究 AHCC，相信更多的研究報告會相繼發表。由於 AHCC 是營養補助品而不是完整食物，所以有待將來更多的臨床數據確認 AHCC 的效用及安全性。不過毒性測試結果顯示服用高劑量的 AHCC 也不會為健康帶來負面影響，而且到現在為止尚未有副作用的報告。

密碼 77 海藻含有珍貴抗癌物質

大家知道含有豐富食物纖維素、維生素及礦物質的海藻是非常理想的減肥、降血壓及降膽固醇食品，但大家又知不知道海藻有抗癌效用？

啡色的海藻中含有一種「硫酸多糖」（sulfated polysaccharide）的物質，稱為「褐藻醣膠」（fucoidan）。褐藻醣膠有抑制癌細胞的生長、活化免疫細胞、抗炎及保護細胞等的功效，所以成為近年的研究重點。

在細胞或動物實驗中褐藻醣膠都能抑制血癌細胞、大腸癌細胞、乳癌細胞及皮膚癌細胞的生長，或提高患有大腸癌的老鼠的生存期等。此外，血管新生以及癌細胞與血小板的粘附是其中之一個癌細胞轉移的途徑，而褐藻醣膠能阻礙這些機制。暫時來説褐藻醣膠在人體的臨床試驗不足，不過它在末期大腸癌病人身上能減少化療帶來的疲累以及延長治療期。

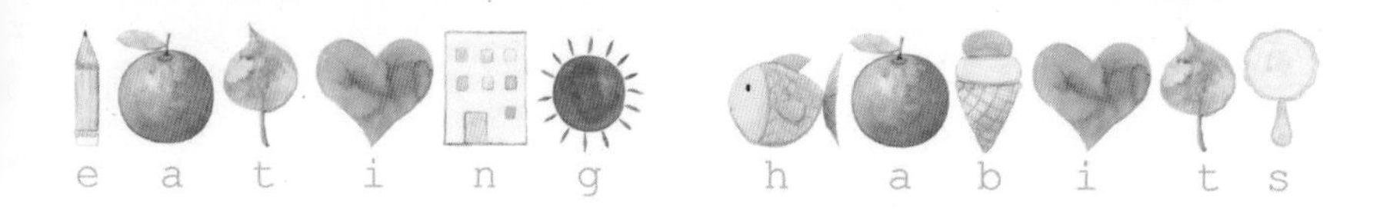

密碼 78 酒精是一級致癌飲料

世界衛生組織轄下的國際癌症研究所把酒精（即「乙醇」（ethanol））定為一級（group 1）致癌飲料，表示已經有充份證據證明它會致癌。2009 年的數字顯示，美國大概有 3.5% 的癌症死亡個案（接近 2 萬宗）是因為酒精而引起的。

酒精尤其和頭頸癌（口腔及喉部的癌症）、肝癌、大腸癌、乳癌及食道癌有密切關係，其次是胃癌及胰臟癌等。研究發現每天平均喝酒 3 杯半以上，患上頭頸癌的風險增加 2-3 倍，患上大腸癌的風險增加 1.5 倍；如果加上吸煙，則令風險大幅提高。根據統計數字，75% 的頭頸癌是由吸煙及喝酒的習慣所引起的。

酒精亦和乳癌風險有密切的關係，超過 100 個流行病學研究都一面倒的顯示酒精會引起乳癌。其中一個報告分析了 53 份針對共 5 萬 8 千位乳癌患者的調查發現，每天平均喝 3 杯酒患上乳癌的風險就高 1.5 倍。另外每喝差不多 1 杯酒就會增加乳癌風險 7%。

究竟酒精是如何引起癌症呢？酒精被腸胃吸收後會被代謝成為「乙醛」（acetaldehyde），而乙醛是會損害基因及蛋白質的一種毒性很強的致癌物質。酒精進入人體後亦產生活性氧，它會把細胞的基因、蛋白質及脂肪等氧化，也直接削弱免疫系統，包括損害 T 淋巴細胞及樹突狀細胞的功能等。

此外，酒精會削弱消化及吸收營養的機能，令身體缺少維生素及類胡蘿蔔素等抗氧化物質，而這些營養對正常機能或預防癌症十分重要。另外有研究指出酒精會提高女性荷爾蒙雌激素的血液水平，被認為是提高乳癌風險的原因。當然，酒精亦會致肥而間接提高患癌風險。

另外因為酒精在發酵及製造過程中容易受到某程度的污染，所以酒類有機會含有其他致癌物質（例如亞硝胺、「苯酚」（phenols）或「石棉」（asbestos）等）。

Column

適度喝酒有益健康的迷思

筆者已經不下數次被問到：「聽説只要不過量，喝一點酒不是有益健康嗎？」大家之所以有這疑問，相信是和之前不少調查報告的結果有關。

大比數的報告指出「適度喝酒」（moderate drinking）（根據美國政府的基準，平均來説女性每天喝 1 杯而男性每天喝 2 杯為適度）會帶來健康效益。一組科學家想要證實這些結果，所以把之前的 87 份調查報告作仔細分析。結果發現適度喝酒的人比完全不喝酒的人健康的原因並非來自酒精，因此可以説這些報告結論都並非正確。

歸根究底這些調查的設計都有一個共同的疑慮，就是他們把什麼人士歸納為完全不喝酒的人的類別。原來他們把那些因為健康問題包括慢性疾病等而要戒酒的人士都包括在這組別裏。如此一來，即使適度喝酒的人比因為健康狀況不佳而不能喝酒的人長壽或少患病也不足為怪了。為了要徹底剖析這些調查結果，研究員把完全不喝酒的對照組中有疑問的對象拿走，然後再作比較。結果發現適度喝酒並沒有促進健康或延長壽命。

另外一些科學家認為，即使適度喝酒的人士真的比較健康或長壽，也並非和喝酒有關，反而是和他們的社會地位有關。研究發現能夠負擔喝酒這習慣而同時對喝酒有節制、不會大喝的人，一般經濟環境稍為富裕而且注意健康。所以適度喝酒這習慣可算是一個較高社會地位的象徵，而並非喝酒會為健康帶來好處。

此外大家也許聽過喝紅酒對健康有益。這説法主要來自於紅酒的抗氧化物多酚，尤其是當中的「白藜蘆醇」（resveratrol）。動物實驗結果顯示白藜蘆醇有抗氧化、抗炎、稀釋血液、保護血管等作用，但實際上如果要測試它在人體上是否有同樣的功效，則必需喝至少 100 杯紅酒才能夠達到實驗中使用的份量。加上近年大型的調查及臨床報告都顯示喝紅酒的習慣並沒有降低心臟病、癌症及死亡率的風險，所以紅酒有益健康這説法亦不能成立。

事實上不單是普通人，甚至很多科學家及醫生都仍然以為喝少量酒對健康並無大礙，但隨著越來越多報告的發表，相信大家會對此改觀。最近更有研究報告顯示即使每天只喝 1 杯酒也會增加乳癌風險。

密碼 79 喝酒會臉紅的話有更高的食道癌風險

某些人喝酒會臉紅，究竟為什麼呢？據估計大概有超過 3 成東亞洲人（日本、中國及韓國等）對酒精有臉紅、噁心或心悸等反應，原因是來自他們的遺傳基因「醛脫氫酶 2」（aldehyde dehydrogenase 2；ALDH2）的缺陷。

ALDH2 是把酒精的代謝物乙醛代謝的酵素。有 ALDH2 缺陷的人無法把乙醛代謝，令它累積起來。可是乙醛是致敏物質，會引起過敏性反應例如臉紅等。

前文已經提到乙醛是很強的致癌物質，研究發現帶有 ALDH2 缺陷的人有更高患上食道癌的風險。據估計帶有 ALDH2 缺陷的人，如果時常喝酒會令他們有高 12 倍患上上呼吸消化道癌症（包括口腔、喉部及食道）的風險。食道癌是致命率甚高的癌症，在日本食道癌患者的 5 年生存率只有 31.6%，而在美國更低至 15.6%。所以為了健康著想，喝酒會臉紅的人更應該少喝為上。

密碼80 維生素D不足會提高患癌風險

除了少部份的報告外，非常龐大的研究報告指維生素 D 在癌症中有著重要的角色。缺乏維生素 D 會提高某些癌症的風險，其中以大腸癌的證據最多，其次是乳癌、前列腺癌及胰臟癌等。

其中一個現時為止最大的轉移性大腸癌患者及維生素 D 的研究發現，血液中含有高水平的維生素 D 的患者比低水平的患者多活 33%，而且病情惡化較慢。另外一份分析 52 萬人的研究發現血液中含有最高水平的維生素 D 比最低水平的人士，腸癌風險低 40%。

細胞及動物實驗的結果顯示維生素 D 是透過直接抑制癌細胞的生長及血管新生、引起癌細胞的凋亡、減低炎症以及活化免疫系統等功能而發揮抗癌作用。此外維生素 D 也有調節荷爾蒙分泌、促進脂肪燃燒及儲存等的功效。

據估計至少半數的美國人攝取維生素 D 不足，而專家甚至認為如果大家能攝取到充足的維生素 D，每年可降低因為癌症而引起的死亡案例達 30%。事實上近年科學家發現身體中差不多每種細胞的表面都表達著對應維生素 D 的受容體，而且維生素 D 能調節多種基因，所以維生素 D 對生理機能的影響相信比大家所認知的更廣泛。現在正在進行數個關於維生素 D 及癌症的大型臨床試驗，可望在 2017 年起陸續有結果。

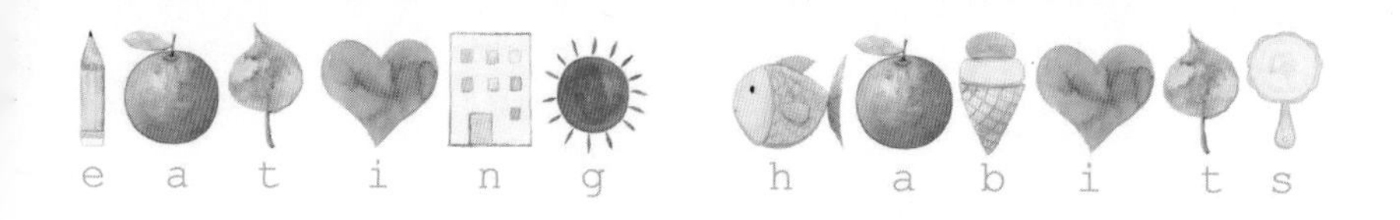

陽光照射能刺激皮膚製造維生素 D，但因為紫外光對皮膚的傷害力是有目共睹的，建議大家從食物中積極攝取。可是由於含有維生素 D 的食物並不算多，所以要特別吃點多油的魚類如劍魚、三文魚，吞拿魚、沙丁魚等，另外芝士和雞蛋黃亦含有少量維生素 D，紫外線照射過的菇類也含有大量維生素 D（有些會在包裝上註明）。根據美國「國家科學院醫學研究所」（The Institute of Medicine of the National Academies）的指引，成人的每日建議攝取量為 600IU 。

筆者建議從天然來源攝取維生素 D，但如果想吃營養補助品補充的話，要注意如果吸收過多維生素 D 會引致中毒（上限是每天 4000IU）。另外維生素 D 需要在肝臟及腎臟被活化，但攝取過多的鈣片或奶製品等會阻礙這過程。

	份量	維生素D（IU）
劍魚	85克	566
三文魚	85克	447
乳酪	170克	80
紫外光照射過的「波托貝洛蘑菇」（portobella mushroom）	1杯	400
蛋	1隻	41
芝士	28克	6

密碼 81 常喝牛奶會提高前列腺癌風險

如果大家仍然認為喝牛奶有益健康的話，請重新考慮了。數個大型群組研究已經確認常喝牛奶會提高前列腺癌風險，所以世界癌症研究基金會及美國癌症研究中心特別發表了名為「控制或避免奶製品有機會減低患上前列腺癌的風險」的指引。

另外近年有不少研究發現常喝牛奶會增加患上其他癌症例如卵巢癌及乳癌等的風險，但因為有少數研究報告未有發現影響，所以結果仍有待確認。不過一個包括 6 萬多名女性的大型群組研究調查發現，每天喝 3 杯或以上牛奶的女性比每天喝 1 杯的，死亡率竟高 90% ！研究報告發現每天喝 2 杯牛奶的男性比完全不喝的，亦有高達 60% 患上前列腺癌的風險！

牛奶對癌症的影響被認為是透過提高血液裏「類胰島素生長因子 -1」（insulin-like growth factor-1；IGF-1）的濃度，以及它含有的高濃度蛋白質、鈣質、鏻質及飽和脂肪酸等。一直以來的研究都顯示 IGF-1 和某些癌症風險有關。例如擁有最高水平的 IGF-1 的人士比最低的人士，會有高達 2.5 倍大腸癌的風險、2 倍的乳癌風險及 4 倍的前列腺癌的風險。報告發現牛奶中的蛋白質會提高 IGF-1 的濃度，但其他食物即非牛奶的蛋白質則沒有同樣的影響。牛奶的高濃度蛋白質更會令腸道內的有害菌增加，增加致癌物質及毒素的產生。

維生素D能預防癌症，但它需要在肝臟及腎臟被活化，而牛奶的高濃度的鈣質及鏻質會阻礙這活化過程。此外，牛奶含有高膽固醇及飽和脂肪酸，而眾多的數據顯示高飽和脂肪酸的飲食與癌症可能有關。除此之外，科學研究還在評估不少牧場對牛隻大量使用成長荷爾蒙、抗生素等是否也是增加患癌的風險的因素之一。

Column

牛奶並未能減少骨質疏鬆症

如果大家喝牛奶是為了吸收鈣質而強化骨骼的話，很可惜它似乎會令你失望。因為多不勝數的科學研究和調查發現常喝牛奶並不能減少骨質疏鬆症狀的發生。

大部份的調查結果發現，喝牛奶未能防止骨折。例如一項針對超過 27 萬人的大型群組研究報告發現，牛奶的攝取量與骨折的發生率並沒有任何關係。另外一個以 6 萬多女性為的大型群組研究報告更發現喝牛奶會提高骨折率！

所以要強化骨骼不能依賴牛奶，而且除了鈣質外，鉀、氟、磷、鎂、奧米加 3 脂肪酸、維生素 A、C、D 和 K 對強化骨骼都十分重要。這些營養都可以從豆類、深綠色的蔬菜、紅蘿蔔、水果、海藻、昆布、黃豆、堅果、芝麻、牛油果、沙丁魚和三文魚等攝取得到，而且這些食物沒有提高患癌風險的顧慮。

Chapter 3
化學危險密碼

據資料顯示，美國人正在使用超過10萬種化學物質，而美國每年因癌症而死亡的個案中，保守估計大概有6%是由接觸環境或工作場所中的致癌化學物質所引起，而且實際影響被認為嚴重得多。

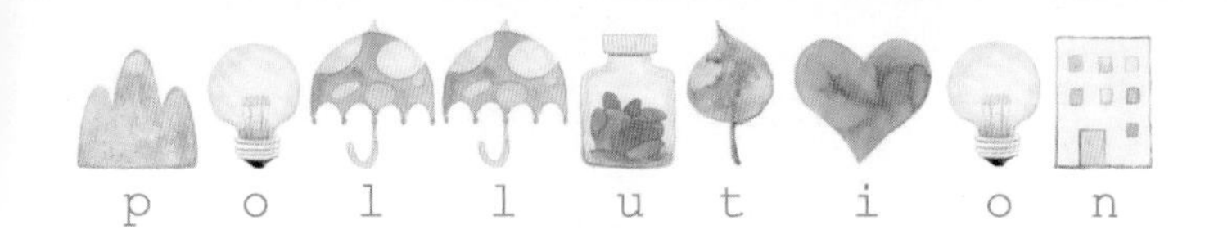

密碼 182 環境污染無處不在

在現今社會生活，我們每個人都幾乎不可能避免從衣食住行中接觸到有害的化學物質。根據美國「有毒物質及疾病登記署」（Agency for Toxic Substances and Disease Registry）的數據顯示，美國人正在使用超過 10 萬種化學物質，而且每年有超過 1 千種新的化學物質在市場上出現。

我們每天接觸到會致癌的化學物質，即「致癌物質」(carcinogen) 分為三類。第一類是能夠直接損害細胞的基因而引起「突變」(mutation)，令細胞轉化成為癌細胞。第二類是在體內被代謝後才成為致癌物質。第三類是必需和其他化學物質互相影響才會引起癌症。化學物質對細胞的傷害如果不能修復的話，就可以引發死亡或令它們演變成癌細胞。另外致癌物質亦能干擾荷爾蒙分泌，從而促進引致癌細胞的繁殖，亦可以引起炎症而提高患上癌症的風險。

工廠及汽車排放的廢氣含有各種有毒物質，例如當中常見的「苯」(benzene) 會在人體引起癌症例如血癌。室內空氣污染是僅次於吸煙導致肺癌的因素，主要包括裝修和家具釋放出的化學物質、烹調時產生的油煙及二手煙。

食水亦經常受到微量的有害物質所污染，常見的有例如農藥、殺蟲劑、清潔劑、人工樹脂、藥物等。當中很多都是「內分泌干擾素」(endocrine disrupter；ED)，會擾亂荷爾蒙分泌系統而影響生殖能力，並且削弱免疫力、提高甲狀腺癌、子宮癌、乳癌和睪丸癌等風險。「砒

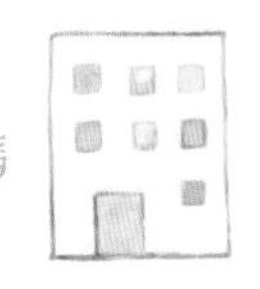

霜」（arsenic）亦是常見的食水污染物，和皮膚、肝臟、膀胱及肺部等的癌症有關。另外近年香港食水受到鉛污染，而鉛會毒害器官及干擾身體的正常運作。暫時鉛和癌症的研究報告尚少，但有數據顯示鉛可能和胃癌及肺癌等有關。

以「聚碳酸酯」（polycarbonate）製成的塑膠用品以及罐頭的內層都含有「雙酚 A」（bisphenol A；BPA），它有機會誘發睪丸癌、前列腺癌及乳癌等。

即使醫療護理亦有可能帶來健康威脅。過去 10 多年來「電腦斷層掃描」（computed tomogram scan；CT scan）成為熱門的身體檢查方式，但大家似乎忽略了這以強烈的 X 光輻射穿透器官的檢查會帶來什麼樣的影響。事實上美國「國家癌症研究所」（National Cancer Institute；NCI）估計單在 2007 年就有 2 萬 9 千個癌症個案是因為接受 CT scan 而引發的！

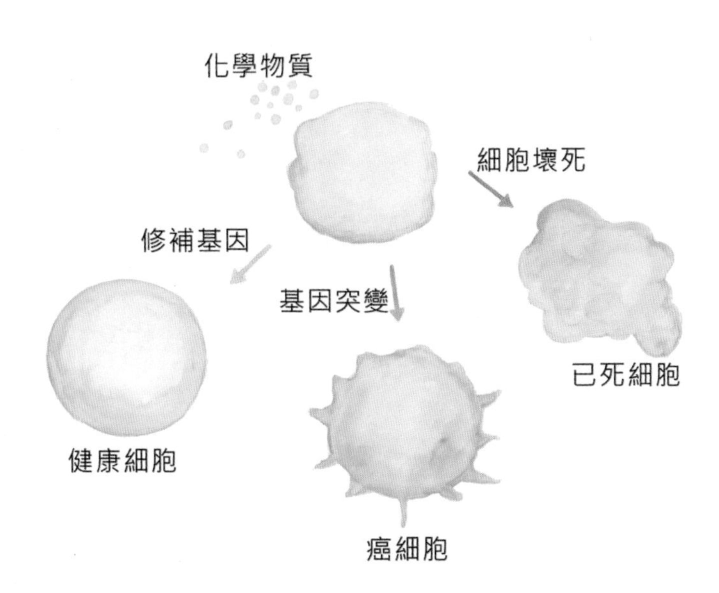

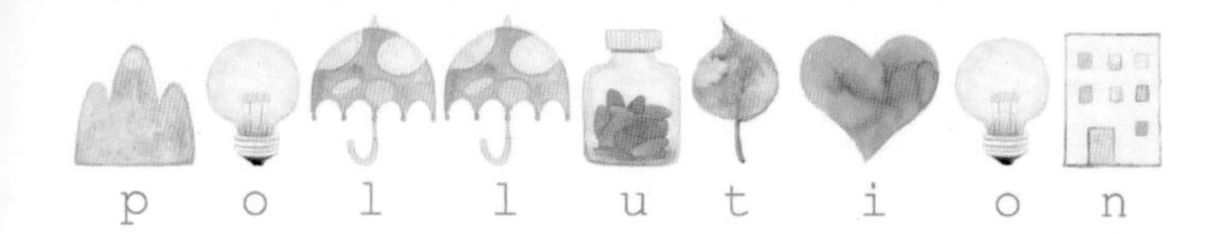

密碼 83 有害物質會在體內積少成多

雖然我們日常接觸到的有毒或致癌物質的份量通常都低於特定的安全標準，但大家千萬別輕看它們的影響，因為這些物質會積聚在體內。美國「環境工作組」（Environmental Working Group；EWG）在 2016 年發表聲明，顯示在美國人民體內檢出了 420 種已確認致癌或有可能致癌的化學物質。

積存在體內的有害化學物質會傷害細胞的基因、阻礙其代謝或令它們發生炎症，從而引起癌症。體內積存的有害化學物質多的人同時亦有更多健康問題例如肥胖、食物敏感、糖尿病、記憶力衰退及不孕等。

脂肪細胞是容易儲存有害物質的細胞，而如果內臟脂肪特別多的話，當有害物質從脂肪細胞釋出時，就會直接影響鄰近器官。另外因應每個人的體質例如代謝率、排毒功能的高低等，會影響體內積存的化學物質的水平，例如研究發現有個別非農業工作者的體內殘留農藥的平均水平比一般人體內的為高。

Column

EWG 提供豐富的環保及健康資訊

「環境工作組」(Environmental Working Group;EWG)是美國最具規模的環境保護志願團體之一，他們有見政府及業界未有完善地保障市民的健康，所以致力以研究和教育來推動環保政策及活動。EWG 的團隊包括各範疇的科學家、律師、政策研究專家及電腦工程師等，合力推動多項活動，務求令消費者得到有研究數據作為基礎的正確資訊，同時學習到如何保護自身以及周圍環境的健康。

EWG 的團隊除了經常檢查環境污染情況之外，亦化驗及分析市場上的產品包括個人護理用品、清潔劑及食品等，幫助消費者在購物上作出精明的選擇。EWG 為消費者的需求帶來正面的影響，從而令生產商亦受到壓力而改善營運模式，包括放棄使用有可能危害健康或環境的化學物質。EWG 亦推動公共衛生例如檢查市政府供應的食水等，也會直接對政府的政策提出建議及施予壓力。

EWG 的網站 www.ewg.org 提供非常豐富的資訊，包括最新的研究報告、政策推動情況、購物指南及產品評分等。其中一個實用的功能是，大家可以在 EWG 的網站輸入北美市場常見的產品名稱或成份等，就可以獲得專業的分析及評估。

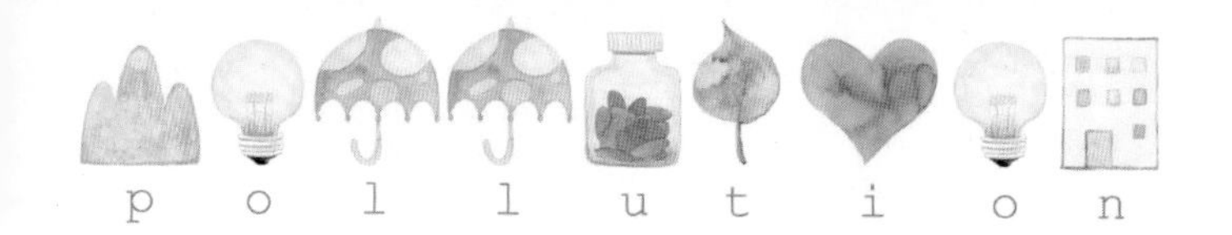

清潔劑隱藏危機

大家知道日常使用的清潔劑實際上是室內污染的其中一個來源嗎？

EWG 在 2016 年的報告中指出，在檢查過的最新的家居常用清潔劑中，發現超過半數會損害呼吸系統，4 份之 1 含有致癌物質，而 5 份之 1 含有影響荷爾蒙分泌系統、生殖系統以及環境的化學物質。

EWG 的研究發現不少的清潔劑含有「甲醛」（formaldehyde）。甲醛早已被確定為會在人體致癌，特別是鼻及喉部的癌症。另外「1，4- 二噁烷」（1, 4-dioxane）這種在動物身上會致癌的物質亦是在清潔劑的成份中常見的。清潔劑揮發的煙霧含有多種致敏或損害呼吸道的化學物質，被吸入體內有機會在健康人士身上引發哮喘。漂白劑的煙霧中含有「哥羅方」（chloroform），是有可能致癌的物質。除了清潔劑外，殺蟲劑亦含有會引起包括血癌、淋巴癌、前列腺癌及兒童癌症等的化學物質。

一個在 2010 年發表的調查發現，最常使用家居清潔劑的女性患乳癌率最高。清潔劑亦含有已確認或可能會損害生殖系統或發育的化學物質，而且在實驗中證明這些物質會從母體轉移到胎盤。事實上在 2010 年紐約市衞生署亦發表報告，指出從事清潔工作的女性所生下的孩子有較高出生缺陷的機率。

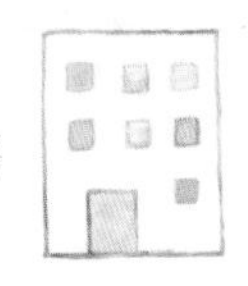

現時清潔劑的生產商沒有法律責任要在產品標籤上註明所有成份，所以建議盡量避免使用非必要的清潔劑，並且使用時保持最低份量，正所謂「less is more」。

另外建議選購以環保作為理念的生產商的產品。EWG 的網站提供他們檢查過的清潔劑的評估。如果對某北美牌子的清潔劑有疑問，大家可以看看有沒有相關資料：www.ewg.org/guides/cleaners。大家亦可以參考本書建議自製天然清潔劑的方法。另外打掃家居時應打開窗戶，並配戴手套及口罩。

殺蟲劑亦嚴重損害健康，所以與其使用殺蟲劑，保持家居清潔，避免室內及植物潮濕，及避免隨便放置食物或延遲清理食物渣滓等才是抑制室內蟲蟻的好對策。

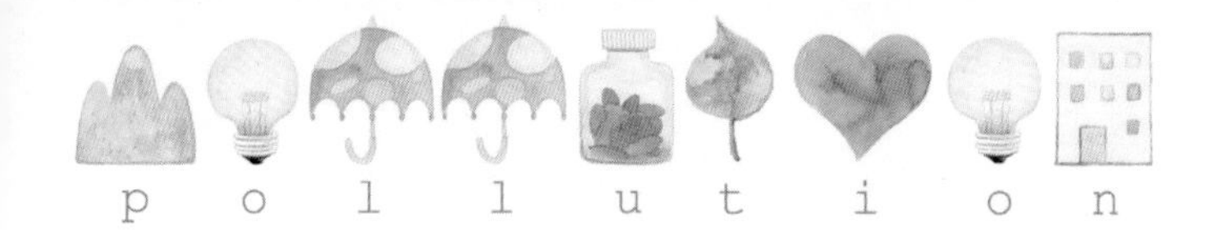

密碼 85 抗菌物品既不能抗菌而且會損害健康

大家都很害怕細菌，造就近年「抗菌」（anti-bacterial）用品的流行，從個人衛生用品包括肥皂、沐浴露、牙膏到家具、廚房用具、衣服、鞋襪、兒童的用品及玩具，甚至電器等都經過抗菌處理。

「三氯生」（triclosan）是抗菌產品中最常見的添加化學物質，在美國每年可帶來達 100 億的收益。可是研究顯示含有三氯生的抗菌肥皂和普通肥皂在抗菌功效上完全沒有分別。而更令人感到震撼的是，累積起來的研究報告顯示三氯生會在動物身上引起肝癌、干擾荷爾蒙包括睪酮、雌激素和甲狀腺素等的水平、削弱免疫功能等。

另外皮膚、口腔和腸道中佈滿了常在菌，它們有助維持健康，但有研究發現使用三氯生會令皮膚、口腔和腸道中的有益菌減少。現在雖然還需要多點時間去確認三氯生對人類的影響，但暫時不能排除三氯生和類似物質有可能損害人體健康甚至提高癌症的風險。三氯生容易透過皮膚或口腔進入體內，而研究發現被測試的血清、母乳及尿液樣本普遍含有三氯生。

有見及此，美國 FDA 終於在 2016 年 9 月 2 日發表聲明，下令所有抗菌的肥皂液不可以加入三氯生。可是因為這立例只針對肥皂液，所以並不能防止大家從眾多別的產品接觸到三氯生，因此建議大家購物時可檢查用品的標籤確認有否加入三氯生。

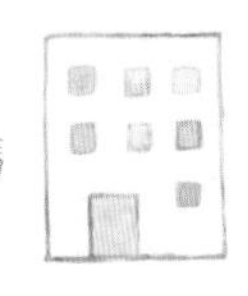

密碼 86 清潔家居的天然方法

筆者喜歡使用白醋、「檸檬酸」(citric acid)、「梳打粉」(baking soda)及檸檬清潔家居，因為它們不損害健康而且使用方法十分簡單。梳打粉的化學成份是 100% 的鹼性物質「碳酸氫鈉」(sodium bicarbonate)，對人體完全無害。梳打粉打從在古埃及時代已經被用作清潔劑。

白醋的主要成份「醋酸」(acetic acid)的酸度非常高，對殺害菌、病毒及其他微生物十分有效。檸檬酸是「柑桔類水果」(citrus fruits)中天然存在的酸性成份（清潔用的檸檬酸則通常是把糖份發酵而製成），有殺菌及清潔等功效。如果沒有檸檬酸，也可以直接用檸檬汁代替。檸檬含有檸檬酸外，也有檸檬精油，特別有助殺菌。

「微纖維」(microfiber)物料製成的清潔布及地拖是非常有效的清潔工具，它的細小纖維能把微細塵埃及化學物質等鎖住，有助減少需要使用清潔劑的份量。「蒸氣清洗機」(steam cleaner)的高溫及壓力可以清除頑固污漬，甚至瓷磚及填縫劑的霉菌而不需要依賴清潔劑。但要注意它不適合用於清潔搪瓷。

大家可以製作一瓶多用途天然清潔劑，方法是把 1/4 杯白醋、1/8 杯梳打粉及檸檬汁（1 個檸檬）加入 1 公斤水然後拌勻，跟著倒入噴霧式容器內便成。這種多用途天然清潔劑可用來清潔浴室、廚房、地

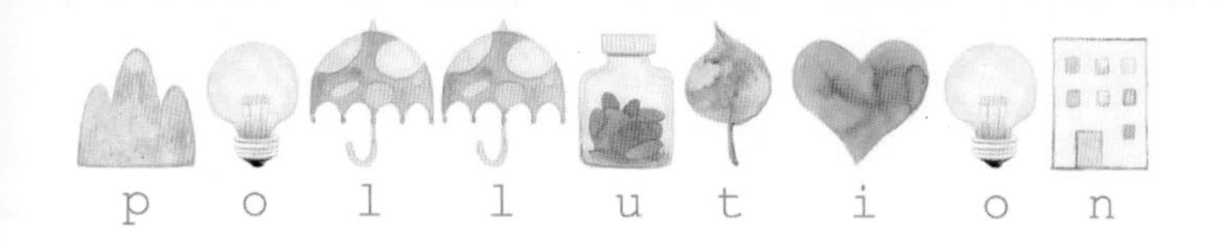

板、窗戶、家具等一般的污漬，但如果想效果更好或針對個別污漬則可依照以下方法：

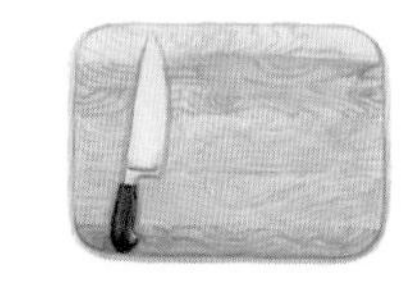

切肉板：在切肉板上均勻地灑上梳打粉，然後用噴霧瓶把白醋噴在梳打粉上。梳打粉及白醋因為各屬鹼性和酸性的相反性質，所以混合時會產生中和作用而釋放大量泡沫，而這過程會把頑固污漬、細菌及霉菌等都消除。待 10 分鐘後用清水及海綿洗淨。

雪櫃內部：把梳打粉（1:1）及檸檬汁（1/4 個檸檬）加進一小杯溫水內，攪勻成為很稠的液體然後用作清潔雪櫃，能殺菌及去除氣味。最後用濕布或微纖維抹布抹淨。

爐灶、焗爐、燒烤爐及微波爐：在油漬表面均勻地灑上梳打粉，然後用噴霧瓶把白醋噴在梳打粉上，待 10 分鐘後再清洗乾淨。另外一個方法是在容器注入 1/3 杯水，再加入 1 個檸檬的汁及檸檬其他部份的果肉及果皮。把容器放入 250℃ 的焗爐焗 30 分鐘或放入微波爐焗至冒出蒸氣。待冷卻後用布或微纖維抹布抹淨。

燒焦了的不銹鋼或搪瓷煮食煲、煎鍋及不粘煎鍋：把水注入覆蓋污漬，加入梳打粉（10:1）然後煮沸 5 分鐘。冷卻後可用清水及微纖維抹布清洗或多放一晚才清洗。

咖啡漬或茶漬：利用白醋及海綿或微纖維抹布能清洗咖啡漬或茶漬。茶壺及咖啡機的污漬的話可以注入 2 杯水及 1/4 杯白醋然後加熱煮沸。

垃圾桶：把新鮮的檸檬皮及 1 茶匙的梳打粉加入垃圾袋內可以防止臭味。

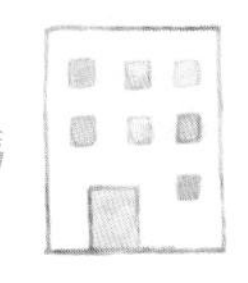

衣服：在洗衣機內加入洗衣液的同時，也加入半杯的梳打粉。這樣能軟化水質，有助提高清潔效率及令衣物柔順。希望衣服帶芳香的話，更可以在過水程序時加入數滴天然純淨的精油。在放衣物柔順劑的地方加入 2 茶匙的檸檬酸則可以防止衣服變黃。

衣櫃及鞋櫃：用一個小瓶子加入梳打粉，再用一小塊薄布掩蓋瓶頂，用繩子綁好，然後放入衣櫃及鞋櫃便可防潮。把少許梳打粉灑入鞋子內也可防臭及去潮濕。

坐廁：在坐廁內均勻地灑上梳打粉，如果污漬頑固，更可以加入白醋。方法是用噴霧瓶把白醋均勻地噴在梳打粉上，待 10 分鐘後用刷子刷乾淨。

去水渠：在去水渠入口灑上梳打粉，然後倒入白醋。待泡沫完全釋放後，用溫水沖洗乾淨。另外一個方法是把同等份量的梳打粉及檸檬酸混合然後灑在去水渠入口，之後灑上少量清水讓泡沫釋放，再用溫水沖洗乾淨。

瓷磚及填縫劑：瓷磚地板填縫劑的地方如果有霉菌及頑固的污漬，可均勻地灑上梳打粉，如果是瓷磚牆壁的話則先用少許清水加入梳打粉拌勻製成漿糊，然後搽在瓷磚填縫劑上。跟著用噴霧瓶把白醋噴在梳打粉上。待 10 分鐘後用清水洗淨。假如污漬太頑固，則可以利用蒸氣清洗機。

注意：白醋或檸檬酸不適合用於雲石表面。切勿把漂白水和白醋、檸檬酸等酸性液體混合，因為這樣會產生有毒氣體。洗衣服時應把白色和有顏色的衣服分開洗。

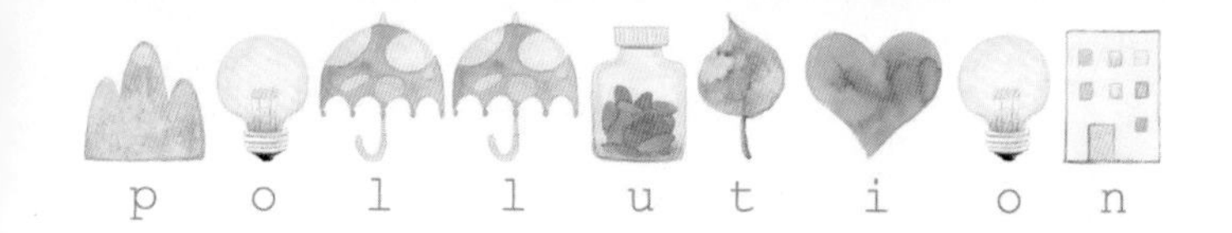

密碼 87 香氣蠟燭釋放多種毒素

香氣蠟燭能增加浪漫氣氛及放鬆精神，但它其實會污染室內空氣，是隱形殺手。

大部份的蠟燭由「石蠟」（paraffin）製成，而它是一種經過漂白及除臭的石油產物。石蠟在燃燒時會分解成為一些微細的「揮發性有機物質」（volatile organic compounds；VOC），當中包括致癌物質「丙酮」（acetone）、「苯」（benzene）及「甲苯」（toluene）等，相當於在汽車柴油排放中的成份！這些物質亦會傷害肺部、腦部及神經系統等。臨床研究發現經常使用蠟燭的人士容易有哮喘或偏頭痛等問題。蠟燭還釋放很多其他 VOC 及化學物質，而且它們大都未曾經過化驗去評估其安全性。

不管是香橙、草莓、檸檬或薰衣草等味道的香氣蠟燭，更加會威脅健康。因為香氣蠟燭的香氣是由人工香料製成，而且亦含有人造色素，經燃燒後會產生有毒的化學物質。此外一般蠟燭尤其是香氣蠟燭的燭芯都加入鉛來增強硬度，燃燒時往往釋出超過安全標準的鉛。

研究發現香氣蠟燭即使在未燃點時也會慢慢釋出化學物質而污染室內空氣，而且透過觸摸也有可能把化學物質吸收到體內。根據英國「國民保健署」（National Health Service；NHS）的建議，偶爾使用香氣蠟燭不會帶來太大問題，但燃點時應把窗戶打開讓空氣流通。可是如果頻繁使用則會導致長期吸入有害物質而提高患癌風險。

使用植物原料例如「蜂蠟」（beewax）或者沒經過基因改造的黃豆製成的蠟燭，並且蠟燭芯由純綿製成的可以避免有害物質。而如果想蠟燭釋放香氣，可選購以混入純天然及100% 純淨的「精油」（essential oil）代替人工香料的產品，但亦不建議頻繁使用。

我們身邊很多產品包括香氣蠟燭、空氣清新劑、家居清潔或護膚產品通常都帶有香氣。但根據「美國多重化學物質敏感症組織」(Multiple Chemical Sensitivity-America）的調查發現，在這些產品中竟有多達 3 千至 5 千種化學物質，而且大多數是由石油製造出來的。

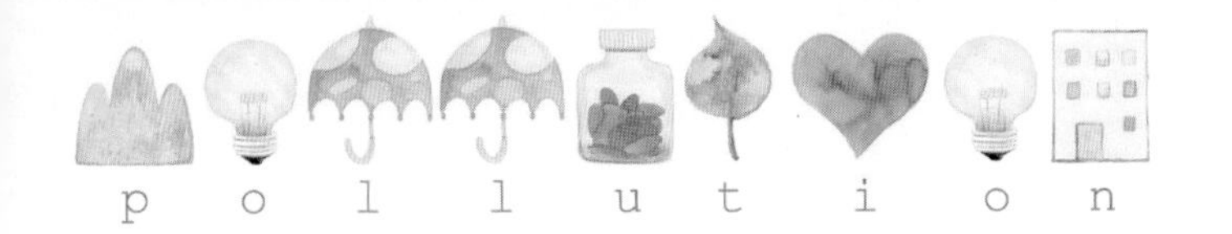

密碼 88 空氣清新劑污染室內環境

近年不少關於空氣清新劑損害健康的報告陸續發表。2015 年英國的「輻射化學及環境污染中心」（Center for Radiation, Chemical and Environmental Hazards；CRCE）發表了一份研究報告，指出一般空氣清新劑會釋放相當程度的致癌物質「甲醛」（formaldehyde）。另外多項報告亦顯示空氣清新劑會釋放各種毒素、「揮發性有機物質」（volatile organic compounds；VOC）及致癌物質例如「鄰苯二甲酸酯」（phthalate esters）及「萘」（naphthalene）或俗稱「臭樟腦」等。

美國的「自然資源保護委員會」（Natural Resources Defense Council；NRDC）亦曾經化驗 13 種常見的家用空氣清新劑，發現大部份含有會影響生殖系統及誘發哮喘的化學物質，可惜的是大部份有害物質都沒有在產品標籤上註明。

保持室內空氣流通及放置梳打粉來吸收空氣中的異味。想消毒空內空氣，可以用 100 毫升的清水，加入 100 毫升的酒精及數滴純淨天然精油（可以選擇個人喜歡的香味）拌勻，然後注入噴霧式容器內便成為天然的空氣清新劑。另外也可以多種植室內植物，實驗報告顯示一般觀葉植物能夠幫助減少空氣中的有害物質包括甲醛。

Column

精油有健康療效

不少植物釋放的天然香氣有益健康。

精油是由植物包括花、香草或樹林提煉出來的香料，而利用精油作為治療方法則稱為「香薰治療」（aromatherapy）。香薰治療的方法通常是把合適的精油透過吸入肺部、塗或按摩在皮膚上，或把精油加入水稀釋然後用來浸泡等，從而引起一些生理反應。

精油在吸入肺部後會正面影響大腦中的「情緒中樞」（emotional center）的「邊緣系統」（limbic system），另外被皮膚吸收亦會帶來一些健康效益。研究發現視乎精油的品種，能減壓、提升情緒、改善抑鬱症、提高免疫力、幫助舒緩痛症、改善經前症候群、改善「腸易激綜合症」（irritable bowel syndrome；IBS）、抗病毒、抗菌、排毒或緩和癌症的病狀等。

選擇精油時建議注意是否真正純淨沒有化學成份，而且並非利用化學溶劑從植物提煉出來的。

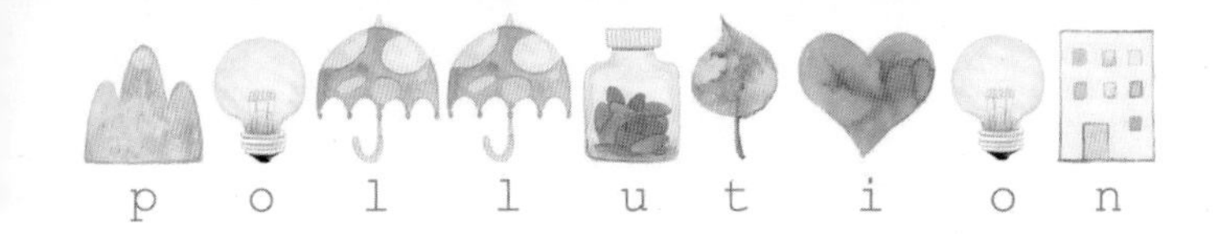

密碼 89 一般家具散發有毒物質

大家可能未必注意到家具通常都受到有毒化學物質的嚴重污染。事實上從布疋、木材或其他物料的來源、裝配用的膠粘劑以及阻燃、增強光澤、防污、抗菌等處理等都是家具受到化學物質污染的途徑。

很多木製家具以層壓方式製造而成的合成木作為材料，但這類合成木的製作過程通常使用含有前文提到的致癌物質甲醛。布製家具如果是由人工纖維製成的話，含有的化學物質水平亦甚高。天然素材中棉花是數一數二受到嚴重農藥污染的農作物。此外一般布料通常含有「二噁英」（dioxin），它是染色等程序產生的副產物，會致癌及損害人體的免疫系統。皮製家具一般需要「皮革鞣制」（leather tanning）加工，過程需要使用重金屬例如「鉻」（chromium），它會對健康造成嚴重傷害。

不少家具、地毯、電器例如電視機或電腦、梳化內部的泡沫塑膠墊、甚至小孩或嬰兒的泡沫塑膠用品等都含有「阻燃劑」（flame retardant），這物質會透過接觸或揮發到空氣中被人體吸收而且損害健康。

「磷酸三（1，3-二氯-2-丙基）酯」（tris（1, 3-dichloro-2-propyl）phosphate；TDCPP）是近年其中一種常見的阻燃劑成份，實驗證明它會致癌、干擾荷爾蒙分泌、毒害生殖及神經系統。研究發現在家居、辦公室及汽車中的塵埃都能檢出 TDCPP，而多份報告發現測試對象的尿液內都能檢出 TDCPP 的代謝副產物，而且相對成人，年幼兒童往

往未能分解這物質。此外很多家具亦經過抗菌處理程序，含有前文提到會削弱免疫系統及有可能致癌的「三氯生」（triclosan）。

雖然要完全避免家具的污染十分困難，但因為家具的使用期長，當中的有害物質會長時間透過接觸或空氣而影響健康，是室內空氣污染的主要因素之一，所以選購安全性較高的家具十分重要。

有部份家具公司生產的產品以減少對生態環境的污染作為理念，大家可以留意。天然素材含有的化學物質比較少，例如天然木材、有機棉等。選購棉製家具的話盡可能選擇有機棉製造的，而木製家具的話則選購天然木而非以合成木作為材料的。另外亦建議盡量選購沒有阻燃、防污、抗菌等處理的家具，並且在觸摸食物前先洗手。

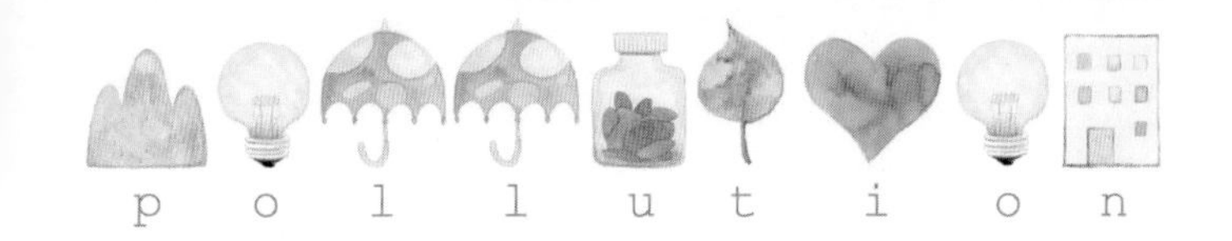

密碼 90

塵埃是化學物質的溫床

塵埃無處不在，究竟它是由什麼構成的？對健康又造成什麼影響？

一般家居或辦公室等室內的塵埃當中含有「真菌孢子」（fungal spores）、皮屑、寵物的毛、衣物及地毯等的纖維、泥土、毛髮等數之不盡的物質，而且亦是有害的化學物質的溫床。塵埃是室內的空氣污染的主要來源。室內空氣不像室外，既不流通而且缺乏陽光、風和雨水，令室內的塵埃及化學物質分解速度慢而且更容易滯留而損害健康。

最近一份報告顯示在家居的塵埃樣本中檢出了 66 種干擾荷爾蒙分泌的化學物質，當中包括殺蟲水、阻燃劑、潤滑油、塑化劑及「鄰苯二甲酸酯」（phthalate；PAE）等，當中不少會致癌。2015 年一份研究報告指出塵埃中一些常見的化學物質會刺激及活化人體內某些負責控制代謝的蛋白質。其中稱為「過氧化物酶體增殖物激活受體－gamma」（the peroxisome proliferator-activated nuclear receptor gamma；PPAR-gamma）的蛋白質在活化後會影響脂肪貯存及荷爾蒙分泌。PPAR-gamma 的活化在年幼小孩身上有可能導致肥胖，原因是小孩的發育還未完成，而且他們活動空間接近地面及喜歡用手及口部觸碰物件，所以更有機會受室內塵埃影響健康。

Column

減少室內塵埃的 10 個貼士

1）進門前先把鞋子脱掉並放在門口處。

2）盡量選擇少化學成份特別是不含阻燃劑的電器、家具及用品。

3）使用天然素材製成的家具，含有的化學物質比較少，例如天然木材、有機棉、羽絨或羊毛。

4）裝修工程會產生大量有害物質，完成後應盡快清掃乾淨。

5）使用濕地拖清潔地板其實比吸塵機更有效清除塵埃。

6）使用有「高效空氣過濾器」（high efficiency particulate air；HEPA filter）的吸塵機，並注意定期更換過濾器。

7）經常使用濕布抹家具、電器及窗戶，比用乾身的塵掃有效。

8）定期清洗窗簾布、牀單、被套、坐墊套及梳化套等。

9）定期清除櫃內的塵埃。

10）定期用濕布清除植物的葉子上的塵埃。

密碼 91 某些營養補助品有致癌風險

大家之所以輕易服用營養補助品，好大原因是大家認為「即使沒有效用也不會有害」，可惜事實並非如此。因為經過幾十年的研究仍然欠缺有力證據證明營養補助品可以防病，其中包括近年一個大規模研究報告集合了 27 個研究共超過 45 萬人的數據，發現時常服用維生素及礦物質補助品的習慣完全沒有預防癌症或心臟病等的功效。

這還不止，真正問題在於營養補助品可能有害健康，個別情況甚至有致癌顧慮，而近年陸續有因為服用營養補助品而提高患癌風險的報告。

一直以來群組研究的數據證明從完整食物中攝取的「類胡蘿蔔素」（carotenoids）有降低肺癌率的功效，可是類胡蘿蔔素的營養補助品卻不一樣，甚至有相反效果。2009 年一個臨床研究報告發現在 7 萬多名高風險人士身上，服用高劑量的類胡蘿蔔素包括「beta- 胡蘿蔔素」（beta-carotene）、「視黃醇」（retinol）或「葉黃素」（lutein）的補助品會提高患肺癌機率最高達到 3 倍之多！

2013 年的一個報告亦發現服用維生素 E 及礦物質硒的補助品會提高前列腺癌的風險，而另外一個報告則發現長期服用含抗氧化物質（維生素 C 和 E、beta- 胡蘿蔔素、硒和鋅）的營養補助品會提高女性患上皮膚癌的風險。除此之外，到現在為止已有數個有關抗氧化物質的營養補助品的大型臨床試驗，而令人注目的是當中有不少發現服用抗氧化物質會提高癌症機率。另外亦有研究報告發現服用茄紅素的營

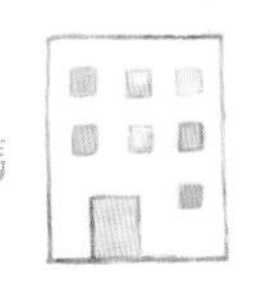

養補助品能緩和前列腺癌的病情，但是因為這些個別研究屬小型，所以未能確定。

單一的營養素往往無法單獨運作，要像天然食物中的情況一般，和其他種類的營養素在一起才會發揮「協同效果」（synergistic effect）。所以未加工的天然蔬菜和水果因為含有各種不同的營養素，所以能互相影響而發揮抗癌功效。

營養補助品的劑量遠超過天然食物中的份量，會阻礙其他營養素的吸收或代謝。此外營養補助品的化學結構有不少是人工合成的。

腸道細菌負責製造部份的維生素，但服用維生素補助品會干擾腸道細菌的生態，影響它們製造其他維生素的效率。腸道亦是達到70%免疫細胞的居所，一下子過多的抗氧化物質到達腸道有可能會阻礙身體正常的免疫功能。

美國「國立癌症研究所」（National Cancer Institute；NCI）亦建議要從完整食物的水果和蔬菜而不是從營養補助品得到植物生化素。如果閣下想服用營養補助品，建議挑選有龐大的群組研究數據支持、並且進行過仔細化驗的產品（可惜的是暫時絕大多數都不符合這條件，所以必需小心挑選）。另外建議避免長期使用。

Column

營養補助品的污染問題繁多

近年眾多化驗報告顯示營養補助品絕大部份都不是 100% 純淨，當中包括有化學反應產生的副產物、雜質或其他重金屬包括水銀、鉛等。美國 FDA 近年多了抽樣檢驗營養補助品的成份，並且不時發現有污染物而下令回收。比較近期的是在 2016 年 8 月，FDA 下令某牌子的營養補助品下架，原因是它的鉛含量超標。

此外有一些生產商甚至在營養補助品中加入了藥物以求令效果明顯，而這些案例亦曾經被媒體報導。而視乎生產商，營養補助品所標示的成份亦未必有充足的份量。其中在一個檢查香草營養補助品的報告中，發現竟然有接近一半產品並沒有香草的成份！

造就這情況發生的原因是，生產商在營養補助品的產品標籤上可以不用標明所有成份，另外正如上文所述，政府部門亦沒有立法要營養補助品通過測試才可以在市場上發售。

此外如果大家誤以為營養補助品比藥物安全，其實不然。因為以美國為例，藥物都要通過 FDA 的嚴峻測試，而在此之前藥物都被界定為「不安全」，直到測試合格後才屬「安全」，可以在市場上販賣。但諷刺的是營養補助品卻不需要測試就全都被假設為「安全」而且可以馬上發售，直到引起問題後才會被界定為「不安全」。因此大家有必要重新調整對營養補助品的信賴度。

密碼 92 加工食品含有大量化學物質

現代人生活繁忙，即食或加工食品的確帶來方便。可是為了延長保存期限、或令外觀吸引、味道可口、口感更佳、方便烹調等，這些食物都加入了大量添加物，結果令加工食品成為身體吸收化學物質的一大來源。

在食物加工的製造過程中，加入的添加物的種類繁多，例如人工甜味劑、防腐劑、鮮味劑、抗氧化劑、色素、增色劑、漂白劑、乳化劑等。雖然這些添加物一般都通過政府設定的安全標準，但長期食用會造成毒素滯留，削弱免疫力和破壞荷爾蒙平衡，也會增加肝臟解毒的負擔。加工食品中的添加物亦有可能互相發生化學反應而導致其他的有害物質的產生，影響難以估計。更加令人擔憂的是，食品添加物日新月異，要研究每一種物質所帶來的影響需要漫長的時間，所以到大家真正了解其禍害時已經太遲。

除此之外，加工食品一般營養價值低，但熱量、飽和脂肪酸、鹽及糖份等卻偏高，亦欠缺食物纖維素。另外加工食品的容器亦存在嚴重的健康陷阱，在下文會揀選大家比較常用的三大類食品容器去逐一探討。

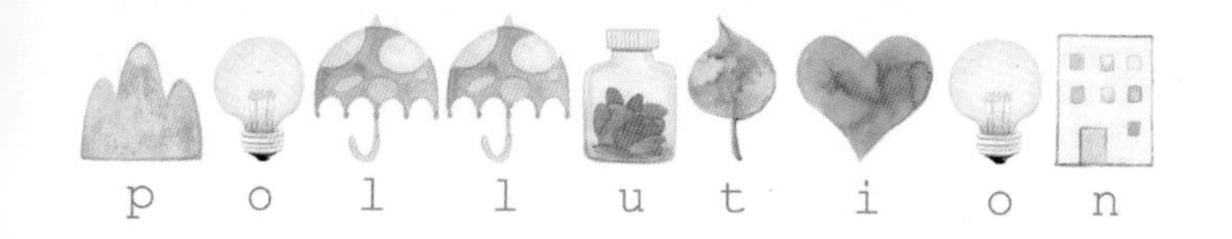

密碼 93 危險的食品容器：塑膠容器

用來盛載食物的容器必需小心挑選，最好盡量避免使用塑膠製成的容器。

幾乎所有塑膠製品在製造過程時加入了「增塑劑」（plasticizer）、強化劑、色素、氣味、防燃劑、防油劑、對抗紫外線等的化學物質等，而這些物質通常對人體有害，又或是對健康的影響不明朗。

「鄰苯二甲酸酯」（phthalate；PAE）是塑膠製品常見的增塑劑。除了食品容器外，PAE 亦常見於各種各樣的用品例如塑膠地板或家具、玩具、百葉窗、膠袋、油漆，甚至藥物的膠囊及醫療用品等。PAE 是環境荷爾蒙的一種，在動物身上會干擾生殖系統，引起先天畸形，或者糖尿病、肥胖等。初步研究顯示 PAE 可能和乳癌有關。

「雙酚 A」（bisphenol A；BPA）幾乎是最常見的塑膠添加物，亦是環境荷爾蒙的一種。從數以百計的動物及臨床數據發現，攝取過多的 BPA 會導致不孕或流產、誘發睪丸癌、前列腺癌及乳癌等。此外 BPA 也會引起肥胖、糖尿病、哮喘及令記憶受損等。「聚碳酸酯」（polycarbonate；PC）可算是最常見的塑膠製品，而它的結構物質就是 BPA。近年哈佛大學的一個研究發現大學生飲用以 PC 製成的塑膠樽裝載的汽水比使用其他容器的，體內有高近一倍的 BPA，證明 BPA 會從塑膠容器釋出而污染人體。

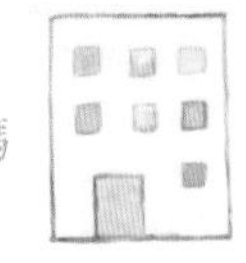

差不多所有人體內（數據顯示美國人有 93%）都積存了 BPA，而且因為 BPA 會影響基因，所以其損害會延及下一代。美國 FDA 在 2012 年禁止生產商在嬰兒的奶瓶及兒童的杯子等使用 BPA，不過對其他用品則沒有管制。

使用塑膠容器的注意點：

- 原則上應盡量減少使用塑膠容器，使用陶瓷或玻璃製造的食物或飲料容器會比較安全。
- 即使塑膠容器標籤上註明可以使用微波爐加熱，都應避免。
- 避免使用破舊、破裂或刮花了的塑膠容器。
- 避免把透明保鮮紙覆蓋食物然後用微波爐加熱。
- 選購以「聚乙烯」（polyethylene）作為素材的透明保鮮紙。
- 避免重複使用一次性的塑膠容器例如樽裝水的塑膠水樽。
- 切勿把熱的食物或飲料放入塑膠容器內。
- 切勿把塑膠容器放置在太陽底下曝曬。

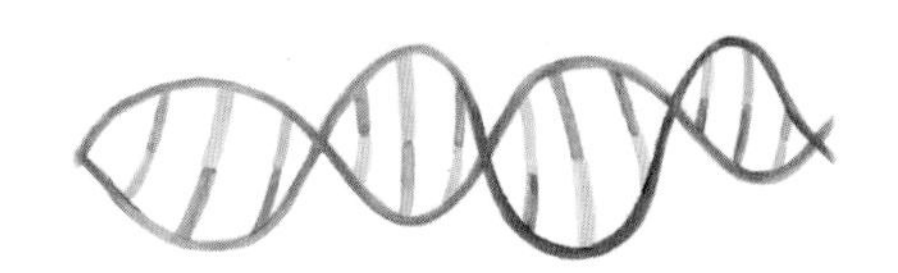

Column

塑膠製品含有的有毒物質會透過空氣釋放出來

除了塑膠製造的食物容器，其他塑膠製品（例如護理產品容器、塑膠地板、塑膠家具、百葉窗、膠袋、防水雨衣等）都含有各種有毒物質，而它們可以透過觸摸或釋放於空氣中被人體吸收，並且在製造時或焚化時會跟著食物鏈毒害環境。

雖然我們沒有可能完全避免使用塑膠製品，但在個人用品的選擇上可盡量減少，特別是上文提及的食品容器，以及大型塑膠製品例如家具、地板、百葉窗等，和盛載會被身體吸收的物質（例如護膚產品）的容器。另外觸摸塑膠製品後切記要先洗手才接觸食物。

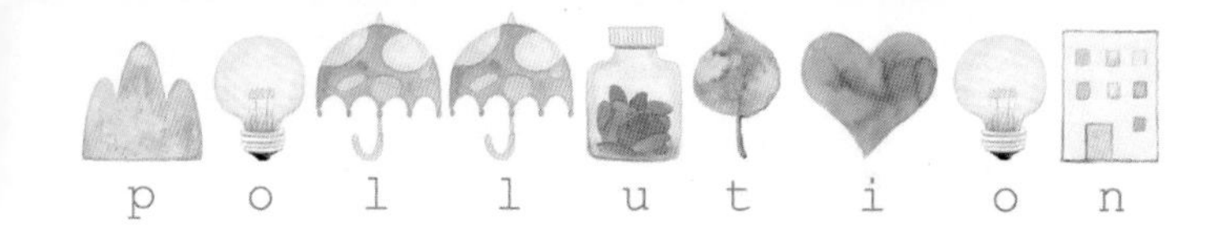

密碼 94 危險的食品容器：外賣紙盒

究竟意大利薄餅的盒子、雨衣及地毯的防污劑有什麼共同點呢？原來它們都含有「全氟化合物」（perfluorinated chemicals；PFCs）。

PFCs 的作用是防油、防水及阻燃，而一般加工食品的包裝物料尤其是外賣食品的容器、「不粘煎鍋」（non-stick frying pan）、水管、防水用品、防燃劑家具、地毯的防污劑等通常都含有 PFCs。

EWG 的報告指出 99% 的美國人體內都有 PFCs，當中有 6 百多萬人正受到危險水平的 PFCs 所影響，而且某些 PFCs 是不能被分解。另外一個研究報告顯示嬰兒透過母乳吸收到和 PFCs 相關的化學物質，而且這些物質會持續停留在嬰兒的體內。PFCs 在實驗中會引發腫瘤、嚴重損害器官及引起胚胎死亡等。在人體健康方面，PFCs 有引起不育及減少免疫細胞的報告，而使用 PFCs 的工廠的員工有更高患上前列腺癌的機率。

雖然 FDA 已經下令禁止使用某些類型的 PFCs，但生產商又再製造其他不同化學結構的 PFCs，所以建議少食用加工食品及外賣，及避免使用太多防油、防水及阻燃用品。

Column

不粘煎鍋釋出有毒煙霧

上文提到不粘煎鍋含有 PFCs，因為煎鍋表面上塗上了一層以「聚四氟乙烯」（polytetrafluoroethylene；PTFE）製造，亦稱為「特氟隆」（Teflon）的物質，是上文提到 PFCs 的一種。

PTFE 性質穩定，不容易浸入食物裏，可是製造 PTFE 的過程需要使用另外一種 PFC，稱為「全氟辛酸」（perfluorooctanoic acid；PFOA）。雖然 PFOA 會被燃燒掉，最後剩下微量，但因為 PFOA 不能被分解，所以如果被吸收後會長年累月的積聚在人體內，也會累積在環境中，令專家十分關注。世界衛生組織轄下的「國際癌症研究所」（International Agency for Research on Cancer；IARC） 把 PFOA 定為二級 B（group 2B）致癌物質，表示它有可能在人體引起癌症。

EWG 發現把不粘煎鍋在一般的煮食爐上加熱 2-5 分鐘就會達到釋放有毒物質的溫度。另外一個實驗發現把不粘煎鍋加熱會釋出達 15 種有毒煙霧及粒子。這些煙霧會引起一種名為「聚合物煙霧熱」(polymer fume fever），或俗稱 Teflon flu，類似感冒的症狀，會令人感到發冷、發熱或頭痛等，同時體內的白血球會上升。報告亦發現這些煙霧會令鸚鵡吸入後死亡。

雖然 DuPont 公司已經放棄使用 PFOA，但卻研發出新的 PFCs。所以建議大家避免使用防粘煮食用具。陶瓷或「搪瓷鑄鐵」（enameled cast iron）煎鍋是比較安全的選擇，因為它們的素材性質穩定。

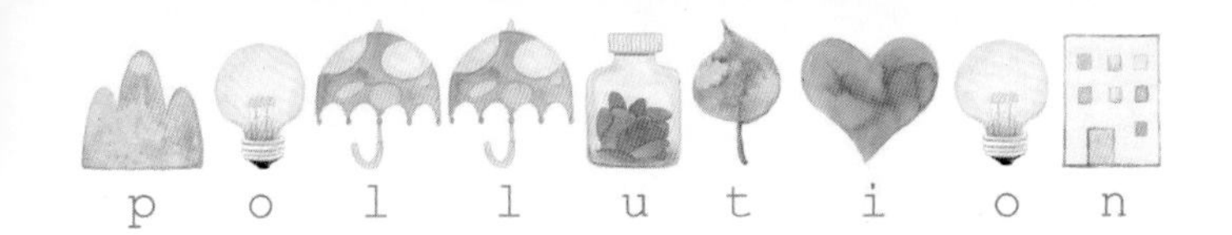

密碼 95 危險的食品容器：罐頭

儘管美國新鮮食物資源豐富，但據估計人民的飲食中竟然有 17% 是來自罐頭！午餐肉、番茄醬、焗豆、湯、沙甸魚、汽水、啤酒等數之不盡的加工食品及飲料也用上罐頭包裝，可是這物料對健康造成難以估計的傷害。

罐頭內部會塗上一層薄薄白色像塑膠的物質，它和塑膠容器一樣會釋出上文提及的環境荷爾蒙 BPA 而浸入食品內。2011 年哈佛大學的一個研究發現飲用罐頭湯 5 天的話，體內有高近 10 倍的 BPA 水平。

此外罐頭通常由鋁製成，部份人吃到含鋁的食物會引起腹瀉，而嚴重的話會損害骨骼及腦部的健康。現時為止結果顯示鋁和「阿爾茨海默氏症」（Alzheimer's disease）（或俗稱老人痴呆症）及「自閉症」（autism）等神經系統的疾病有關。

以前的罐頭封口是以鉛作為焊料，但在 1995 年美國已經禁止罐頭製造商使用鉛，可是現在仍然有機會在其他地方出產的罐頭中找到。鉛會引起中毒及干擾身體的正常機能包括荷爾蒙分泌、腦部功能、生殖系統、腎功能等，亦可能和胃癌及肺癌等有關。

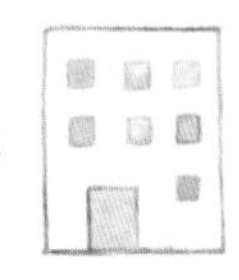

現時為止只有少部份罐頭食品製造商放棄使用 BPA，所以奉勸孕婦、小孩及青少年盡量避免吃罐頭食品。選購以玻璃容器盛載的食品會減少 BPA 的污染（唯獨是玻璃容器的金屬蓋的內部亦塗上了一層含有 BPA 的物質）。如果無法避免使用罐頭的話，建議選購乾燥的罐頭食品或飲料。例如咖啡的話，選購濃縮咖啡粉然後自行用水稀釋的，有助減少吸收 BPA。

有些人士喜愛使用錫紙來烹調或盛載食物，但是當中的鋁會因為加熱或接觸酸性食物例如番茄時釋出，所以必需注意。

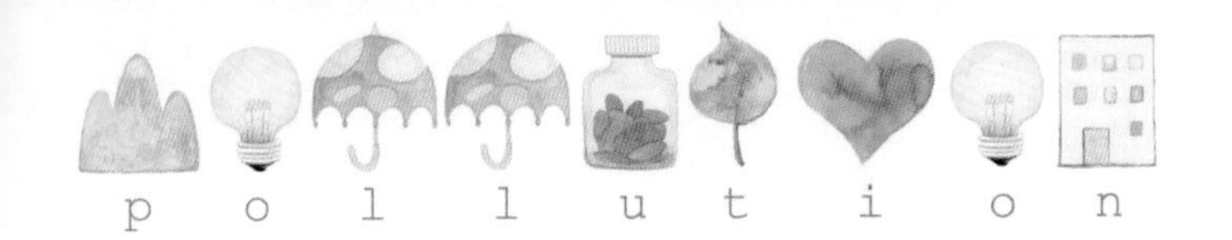

密碼 96 食水的污染物質繁多

水是生命之源，但很可惜我們的食水受到的污染嚴重。

根據美國的分析結果，美國的食水（即是水喉水）被檢出超過300種污染物質，包括金屬物質、農藥的除草劑及殺蟲劑等、「硝酸鹽」（nitrate）、「石棉」（asbestos）、砒霜、「過氯酸鹽」(perchlorate）、藥物、「納米粒」（nano particles）及上文提到的防水物質 PFCs 等。食水還含有政府的食水消毒處理所使用的「氯」（chlorine），以及氯和其他物質反應而產生的副產物化學物質，稱為「消毒副產物」（disinfection by-products；DBPs）。

這些常見的污染物質中有不少被國際癌症研究所定為致癌或可能致癌物質，例如硝酸鹽是二級，而石棉及砒霜是一級致癌物質。最近有研究報告指出食水中的砒霜可能是在英國某些地區引起膀胱癌的一大因素。另外 DBPs 中的「三氯甲烷」或俗稱「哥羅芳」（chloroform）亦是二級致癌物質（group 2A）。

輸送食水的水管含有上文提到的防水物質 PFCs，而根據 EWG 的數據，美國有達 6 百多萬人正在飲用含有危險水平的 PFCs 的食水。研究亦發現美國政府部門所定下的 PFOA 安全標準水平遠高於它真正會損害健康的水平。

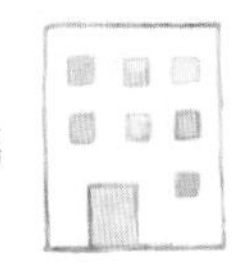

食水中的污染物質還有其他問題，包括某些藥物分解後產生的副產物更富毒性，另外 DBPs 則比用來消毒食水的氯更為有害。此外全球氣候暖化帶來更頻繁的氣候改變，令某種會分泌致癌物質的「藍細菌」（cyanobacteria）大量繁殖，進一步加重食水的污染問題的嚴重性。

Column

如何減少接觸受到污染的食水？

在家裏安裝濾水器是最有效減少喝到受污染食水的方法，而把過濾後的水煮沸更可以 100% 殺掉細菌等微生物。

濾水器的種類繁多，在價格實惠的選擇當中，以碳或者活性碳濾水器的功能算是理想，能夠隔走大部份污染物例如鉛及政府的食水消毒過程中加入的氯及 DBPs 等。

如果經濟許可的話，建議大家裝置碳和「逆滲透」（reverse osmosis）合併的濾水器，因為它能最有效地過濾大部份的污染物質，包括碳濾水器所不能有效隔走的砒霜、過氯酸鹽、硝酸鹽或氯等。

蒸餾方法也能除去食水中大部份的污染物質，可是相對於逆滲透，它不能有效除去一些低沸點的揮發性化學物質例如氯及「氯胺」（chloramines）等。氯胺亦是某些地方政府用來取代氯來把食水消毒的化學物質。

此外當濾水器的「濾筒」（filter cartridge）已經到期，代表它已經不能阻隔污染物質，而且亦會讓細菌大量滋生，所以切記要遵從生產商的指引，在期限到時更換。因為食水中的污染物質中包括一些揮發性或容易浸透皮膚的化學物質，可以透過沐浴或吸入蒸氣等而接觸得到，所以有專家認為如果經濟能力許可，裝置可在全屋使用的碳濾水器會更為安全。

數據顯示市面上販售的樽裝水有接近一半是由水喉水經過一些沒有受監管的淨化程序生產的。而且因為水樽是塑膠製品，所以會有前文提及的 PAE 及 BPA 污染的顧慮。事實上有報告顯示 22% 被測試的樽裝水含有超過標準水平的化學物質。政府對樽裝水沒有管制，反而對水喉水則有一定的安全準則。所以如果不清楚買到的樽裝水的水質是否可靠，建議外出時攜帶家裏的過濾食水比較安全，而且亦較環保。

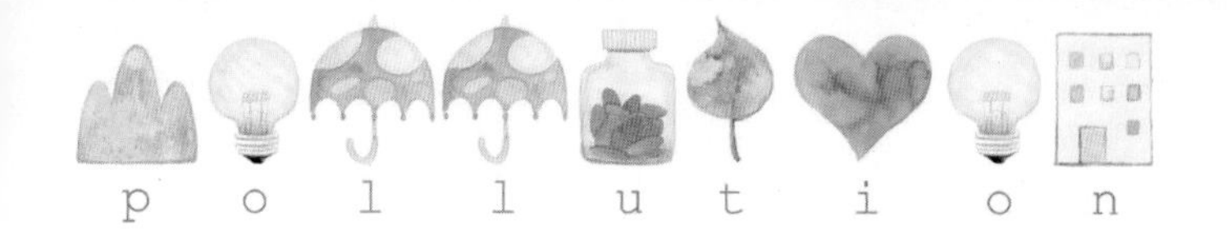

密碼 97 每個人體內都被護理產品的有害物質污染

大家有沒有留意到每天使用多少肥皂、洗臉液、洗頭水、沐浴露、護膚產品、防曬乳液、化妝品……？根據調查顯示美國女性平均每天使用達 12 種個人護理用品！

可是大家使用這些產品的時候，有否考慮過它們的安全性？事實上 FDA 以及絕大部份國家的有關部門都沒有規定護理用品在市場上銷售前要通過化驗及安全測試。

護理產品的生產商中佔非常少數會以安全性為優先考慮，而佔絕大多數都會使用各種各樣的人工化學物質來生產它們的產品。調查顯示美國女性每天從個人護理用品中平均接觸到達 168 種化學物質。其中一些是致癌或有可能致癌物質、環境荷爾蒙或其他不明的化學物質。

經常出現在加工食品及護理產品當中的物質「丁基羥基苯甲醚」（butylated hydroxyanisole；BHA），被列為有可能在人體引發癌症。護膚產品當中常見的「對羥基苯甲酸酯」（parabens），它有和女性荷爾蒙相似的作用，從而干擾荷爾蒙分泌系統。永久性的染髮產品中常見的成份「焦油」（coal tar），則被確認為致癌物質。香水及散發香味的乳液等的主要成份「人工麝香」（synthetic musks），它會影響動物的繁殖能力及破壞細胞的基因、促進人類乳癌細胞生長等。

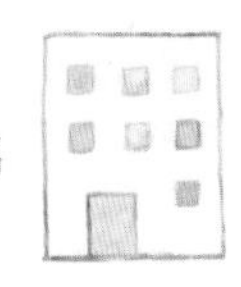

洗髮水及肥皂液等通常含有標籤沒有表明的污染成份「1，4- 二噁烷」（1, 4-dioxane），而它在人體有可能致癌。指甲油的「丙烯酸鹽」（acrylates）是一組相似的化學物質，被證實在人體內有可能致癌，亦會干擾生殖、發育及神經系統。防曬乳液中常見的成份「羥苯甲酮」（oxybenzone）會導致初生女嬰體重較輕，亦在動物實驗中擾亂荷爾蒙分泌。

護理用品的化學物質可以透過吸入噴霧或粉末、從皮膚浸透或從食道等途徑進入體內。更重要是，護理用品中的化學物質的份量不像加工食品或其他受污染的食物及食水般是微量，而是非常高水平。

不少研究報告指出在人類血液樣本、脂肪組織及母乳等檢出香水的人工麝香或其他化學成份，及在乳癌組織檢出對羥基苯甲酸酯等。年輕女生尤其喜愛使用化妝品、秀髮定型噴霧、啫喱、護膚產品。EWG 曾經化驗一組少女的血液及尿液樣本，發現它們含有 16 種有毒物質，包括抗菌化學物質三氯生、PAE、人工麝香及對羥基苯甲酸酯等。

Column

爽身粉有可能導致卵巢癌

相信差不多每一個人都接觸過「滑石粉」（talcum powder），因為它除了是爽身粉的原料，也常見於化妝品中。滑石是一種礦物質，由鎂、矽及氧所組成，有吸收水份及提供潤滑的特性。

研究報告指出經常使用滑石粉的卵巢癌患者的卵巢甚至淋巴腺樣本中發現滑石粉，而直到近年陸續有新的研究報告指出滑石粉會引起卵巢癌！一項研究訪問了卵巢癌患者及健康女性各 2 千多名，結果發現使用滑石粉於下體部位、內褲或衛生巾會提高罹患卵巢癌的風險達 3 份之 1，而且患上卵巢癌的機率和滑石粉的使用量及使用期間的長短有正面關係。不過因為亦有研究報告不一致，所以結果仍有待確認。

暫時仍未確定滑石粉是如何引起癌症，但滑石粉有誘發炎症的作用，及有可能擾亂免疫系統。另外某些天然存在的滑石粉含有一級致癌物質「石棉」（asbestos），它會提高罹患肺癌的風險。但其實從 1970 年起美國已經立例禁止用含有石棉的滑石粉來製造護理產品，所以應該與石棉無關。暫時來說建議大家避免於下體部位使用含有滑石粉的爽身粉，但在身體其他部位可使用「玉米澱粉」（cornstarch）製成的爽身粉代替。

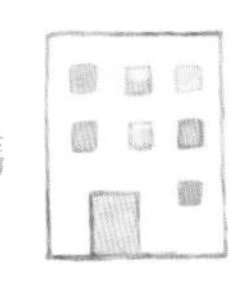

密碼 98 選購個人護理產品的貼士

雖然個人護理產品佔絕大多數都含有各種各樣的人工化學物質及重金屬污染，但政府卻沒有規定護理用品在市場上銷售前要通過化驗及安全測試。商品廣告發放的信息容易令消費者以為個人護理產品越多越好，但其實很多都並非必要的。基本來説控制護理產品的使用量及簡化護理程序能夠減少接觸到太多化學物質。

了解護理產品生產商的價值觀及理念有助評估其產品的質素。大家可留意公司選擇產品的成份時有否考慮到對健康及環境的影響，而透過瀏覽生產商的網頁可以找到有用的資料。此外，標註「有機」或「天然」的護膚用品通常亦含有人工化學物質，所以必需確認產品的有機或天然成份的含量。其實如果時間允許，大家可以選購天然成份然後自己動手製造清潔劑或護理產品。此外個人護理產品的容器以玻璃比塑膠理想，有助減低有毒物質的污染。

如果是北美市場流通的產品的話，大家可以到 EWG 的網站 www.ewg.org 的 EWG's Skin Deep Cosmetics Database 輸入產品的牌子、成份或名稱等，然後查看評分結果。

EWG's Skin Deep Cosmetics Database

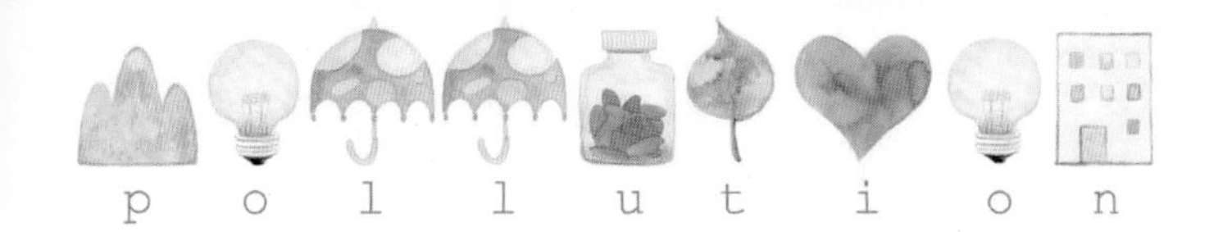

密碼 99 個人護理產品應該避免的化學成份

護理產品中有害的化學物質多不勝數而且層出不窮，所以這裏只能列舉一部份常見的。

肥皂、牙膏：避免使用含有「三氯生」（triclosan）及「三氯二苯脲」（triclocarban）的。

護膚產品：避免使用含有「氫化棉子油」（hydrogenated cottonseed oil）、「對羥基苯甲酸酯」（parabens）及含有「paraben」字的成份、「六偏磷酸鈉」（sodium hexametaphosphate）及列作成份的「芳香劑」（fragrance）（因為芳香劑通常含有多種有毒或致敏的化學物質）。

防曬乳液：避免使用含有「棕櫚視黃酯」（retinyl palmitate）、「2- 羥基 -4- 甲氧基二苯甲酮」（oxybenzone）、「對氨基苯甲酸」（para aminobenzoic acid；PABA）、「對氨基苯甲酸」（padimate O）、「4- 氨基苯甲酸」（4-aminobenzoic acid）、「丁基羥基苯甲醚」（butylated hydroxyanisole；BHA）等的，及避免噴霧式或粉末狀的。防曬乳液宜選擇 SPF50 以下的，而有效成份可選含有「氧化鋅」（zinc oxide）的。

理髮產品：避免含有「十二烷基硫酸鈉」（sodium Laureth sulfate）、「聚乙烯」（polyethylene）、「聚乙二醇」（polyethylene

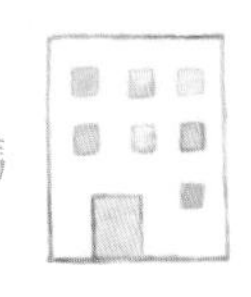

glycol)、「鯨蠟硬脂醇聚醚」(ceteareth)、「焦油」(coal tar)、「石腦油」(naphtha)、「對羥基苯甲酸酯」(parabens)及含有「paraben」字的成份、「人工麝香」(synthetic musks)或「丁基羥基苯甲醚」(butylated hydroxyanisole;BHA)的。避免噴霧式的產品、避免使用永久性的染髮產品(含焦油」特別多)或化學藥劑拉直頭髮(含有大量「甲醛」(formaldehyde)或稱「甲二醇」(methylene glycol))。

指甲油:避免使用含有「甲醛」(formaldehyde)、「甲醛溶液」(formalin)、「甲苯」(toluene)、「乙酯」(ethyl ester)、「丙烯酸鹽」(acrylates)、「甲基丙烯酸甲酯」(methyl methacrylate)、「醋酸鉛」(lead acetate)或「鄰苯二甲酸二乙酯」(dibutyl phthalate)等化學成份的。懷孕婦女及小孩應該避免使用指甲油。

香水:避免使用含有「鄰苯二甲酸二乙酯」(diethyl phthalate)、「人工麝香」(synthetic musks)、「芳香劑」(fragrance)及「丁基羥基苯甲醚」(butylated hydroxyanisole;BHA)的。

化妝品:避免含有「雲母」(mica)、「季銨鹽-15」(quaternium-15)、「尿素醛」(diazolidinyl urea)、「咪唑烷基脲」(imidazolidinyl urea)、「乙內酰脲」(DMDM hydantoin)、「非那西汀」(phenacetin)、「苯」(benzene)、「乙烯化氧」(ethylene oxide)、「鉻」(chromium)、「鎘」(cadmium)、「石英」(quartz)、「三乙醇氨」(triethanolamine)、「二乙醇氨」(diethanolamine)、「對羥基苯甲酸酯」(parabens)及含有「paraben」字的成份、「丁基羥基苯甲醚」(butylated hydroxyanisole;BHA)、「碳黑」(carbon black)(及相關物質包括D & C、blank no.2、acetylene black、channel black)的等。另外避免粉末狀的。

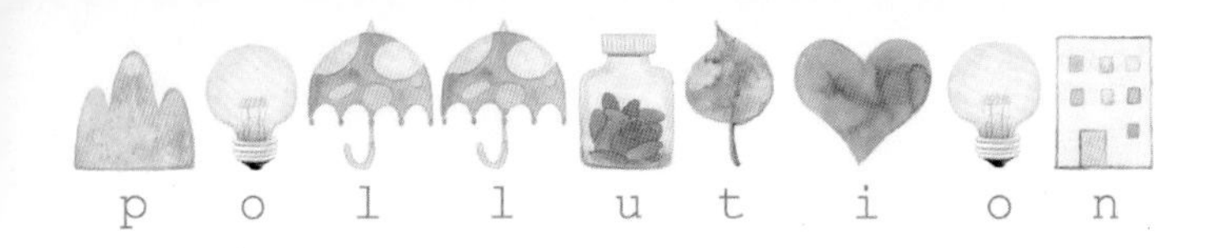

剃鬚產品：避免含有「2-羥基-4-甲氧基二苯甲酮」(oxybenzone)、「乙內酰脲」(DMDM hydantoin)、「聚乙烯」(polyethylene)、「聚乙二醇」(polyethylene glycol)、「鯨蠟硬脂醇聚醚」(ceteareth)、「對羥基苯甲酸酯」(parabens)及含有「paraben」字的成份及「三氯生」(triclosan)等的。

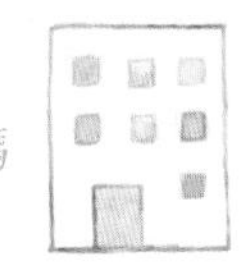

密碼100 保護環境的18個小習慣

環境的污染物無處不在，可從空氣、水、食物或土壤等途徑以及跟隨食物鏈遷移至人類及動物體內，所以環境問題和每一個人有切身關係。

1）情況許可的話利用步行或單車代步，其次是公共交通工具，最後才使用私家車。

2）如果持有私家車，妥善保養可以減低它排放的污染物質。

3）愛護大自然，參與或支持保護樹木或綠化環境計劃。

4）減少使用含有化學物質的任何清潔劑或個人護理產品。

5）如果時間允許，選購純淨的天然成份然後自己動手製造的清潔劑或護理產品。

6）減少吃肉類的份量。

7）減少食用加工食品。

8）選購本地的有機農作物。

9）出外時攜帶自己的水樽及環保袋。

10）參與和支持把可分解及可循環再用的廢物分類的計劃。

11）參與和支持循環再用任何物料、家具、衣物、紙張、用品或電器等。

12）把每種危險物質例如電燈泡、電池、藥物、油漆、食用油等棄掉時必需依循安全方法。

13）使用可充電的電池。

14）使用「發光二極管」（light-emitting diodes；LED）或「緊湊型熒光燈」（compact fluorescent light；CFL）（俗稱「慳電膽」）的燈泡。

15）關上沒有使用的電器、電燈或水龍頭。

16）減少使用塑膠用品。

17）切勿濫用物品，包括衞生紙、紙張、包裝紙、膠袋、金屬製品等。

18）做一個謹慎的消費者，購物前先考慮物品是否必要、是否耐用、對健康或環境是否有害等。

免疫療法是治癌的新希望

一直以來治療癌症的方法以「對付」癌細胞為主，例如手術、化療或放射治療等，是治癌的標準療法。世界各地的統計數字證明了標準療法的效果，包括 2014 年 *A Cancer Journal for Clinicians* 的「Cancer Statistics：2014」中指出，美國癌症患者的死亡率在過去 10 年持續下降。

可是無可否認標準治療對身體帶來負擔、藥物副作用，並且在細微部份例如把少量癌細胞清除以及防止復發等治療效果不足，亦存在抗藥性等問題。雖然標準療法不斷進步（例如近年高準確性的重粒子刀等放射治療可以更準確地對準癌細胞，副作用相對較少），但除了一些早期或個別癌症有機會透過標準治療而治癒外，較晚期或復發的癌症患者通常只能得以暫時控制病情，最後仍然會因為病情惡化而失去性命。近年「標靶治療」（targeted therapy）能夠選擇性地摧毀癌細胞而不影響正常細胞，但不是每種癌症也適合使用。而且癌細胞十分聰明，它能夠改變某些癌蛋白質的表達等而令抗藥性產生。另外視乎個別情況，標靶治療引起的副作用可以極低也可以很顯著。利用「病毒載體」（viral vector）把基因導入患者體內而取代或抑制引起癌症的基因等方法的「基因治療」（gene therapy）具有一定潛力，但仍然在臨床試驗階段，而且其安全性尤其令人關注。

不足的標準療法、未成熟的新療法，都是晚期、復發、全身轉移的癌症病人得不到奏效的治療的因素，因此被醫生宣告餘下生命限期的「癌症難民」比比皆是。

癌症免疫療法成為了「第 4 類」治療

據估計，我們每天體內都有估計 5 至 6 千個癌細胞逃過基因修補、抑制癌細胞生長或促進癌細胞凋亡的機制等多重機關而產生，但為什麼它們卻沒有繁殖成為癌腫瘤呢？其實原因是歸功於我們的免疫系統，因為它無時無刻不斷地清除癌細胞或有機會演變成為癌細胞的變異的細胞。

可是不良的生活習慣會抑制免疫系統或增加癌細胞的繁殖，加上癌細胞太聰明，它們以各種方法來逃過免疫系統的追擊，甚至反過來抑制免疫功能，結果令癌腫瘤形成。手術、化療或放射線治療等標準治療一方面減少癌細胞的數量，但另一方面卻會抑制免疫系統，讓少量殘留的癌細胞埋下復發危機。

要對付聰明的癌細胞我們必需要有比它更聰明的免疫系統才能打勝仗，而癌症免疫療法的基礎就是把自身與生俱來的免疫系統「教育」或「強化」等，使它變得更具針對性、更有效率或更持久地攻擊癌細胞。不過因為免疫系統十分複雜，所以免疫療法要實行起來一點也不容易；幸好經過科學家多年的努力，近年免疫療法終於陸續開始在臨床上獲得成功，帶領人類進入了可以把末期或復發的難治癌症治癒的時代了。

近年免疫療法日趨成熟，成為了標準治療以外的「第 4 類」治療。隨著把標準治療加上癌症免疫療法，病人的免疫系統得到最徹底的強化，令末期或復發的難治癌症陸續得到治癒。

癌症免疫療法製造超級生還者

近年免疫療法成功幫助一些生命瀕危的癌症病人維持高健康水平地生存下去而成為「長期生還者」（long-term survivors），或俗稱「超級生還者」（super survivors）。附圖是癌症患者的「存活曲線」（time survivor curves）示意圖；藍色的是未接受治療的患者，綠色的是接受傳統標準治療的患者，而紅色的是接受標準治療與免疫療法的患者。當中紅色線顯示免疫療法有機會幫助患者的生存期持續地延長下去。在 2013 年《科學》（*Science*）雜誌更把癌症免疫療法選為年度最具有突破性的科學進展。

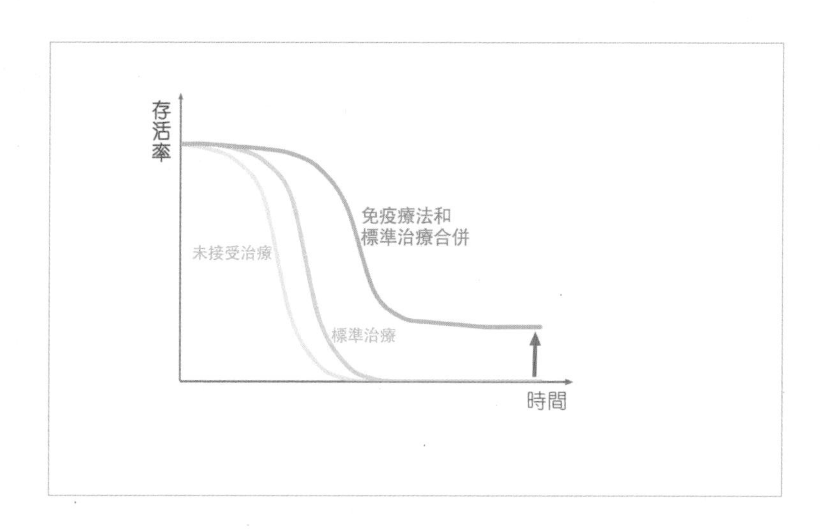

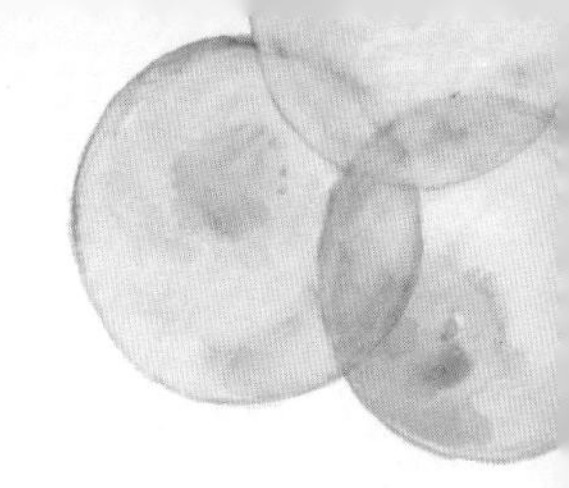

癌症免疫療法的種類

癌症免疫療法主要是把自身免疫系統強化或調節等以達到能對癌細胞具強大的抑制力或針對性等，主要分為好幾種類。「單株抗體」（monoclonal antibodies）、「免疫檢查點抑制劑」（immune checkpoint inhibitors）（例如 PD-1 inhibitors、CTLA-4 inhibitors）、「細胞因子」（cytokines）及「生物效應調節劑」（biological response modifiers；BRM）等能活化免疫系統，而且使用方法簡單，但不具對癌細胞的「抗原特異性」（antigen specific），所以治療效果不一。抗原特異性是指透過癌細胞的「標記」（即抗原）而鎖定癌細胞進行攻擊的免疫反應。

「腫瘤抗原疫苗」（tumor associated antigen vaccine）及「腫瘤細胞疫苗」（tumor cell vaccine）是把癌腫瘤的抗原（通常是「肽」（peptide））或者手術後取出的腫瘤經過處理，然後再注射入患者體內以激發針對癌細胞的免疫反應。這方法對癌細胞具抗原特異性，但短處是不能確定抗原被體內的樹突狀細胞結合的效率。

「免疫細胞療法」（immune cell therapy）採用「過繼細胞轉移」（adoptive cell transfer）的方法把患者的免疫細胞抽出然後加以「教育」、活化或大量繁殖，再注射入患者體內。這療法通常副作用少但療效最顯著，因為它解除了免疫細胞在體內的規限，並在體外被「教育」成為抗原特異性、大量繁殖或活化，從而發揮針對癌細胞的攻擊。

另外需要一提的是，某些免疫療法就個別患者所發揮的療效有很大差異，暫時的研究發現這差異與患者接受過標準治療的種類（例如化療藥物、放射性治療等）、癌細胞表達的抗原類型、甚至腸內細菌等有關。因此未來發展的趨勢是有必要為每一位患者度身訂做合適的免疫療法。

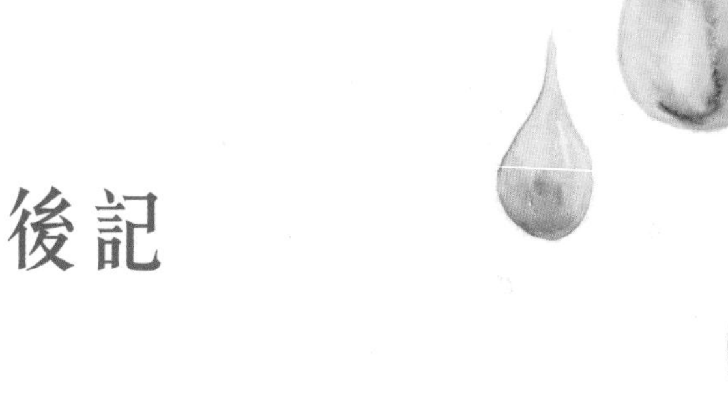

後記

「為什麼我心愛的人會患上癌症？」「為什麼這麼一個好人卻會患上癌症？」「癌症實在太可怕了！」「究竟為什麼會有癌症？」這些說話有沒有在你心裏面響起呢？

在醫學日新月異的今天，癌症仍然是難治之症，而且即使癌病治好了，患者往往容易因為後遺症而令生活質素受影響，當然亦會因為憂慮復發而經常提心弔膽。但好消息是科學家不斷研發新治療方法，說不定終有一天癌症就像感冒一樣容易對付。加上現在我們曉得絕大部份的癌症是可以預防，只需每天坐言起行的努力就可以了！

人類為了生活的方便、慾望的追求等而製造了一大堆毒害自身和環境的產物及生活習慣。廢氣排放、裝修工程、無機種植、工業製品、加工食品、所謂的「健康食品」、吸煙、濫吃肉類、酗酒、缺乏蔬菜水果、欠缺運動等，例子多如繁星，但當中有多少是我們願意放棄或改變的呢？這方面相信很值得我們反思。

我的新使命

去年對我來說是充滿衝擊、遺憾、心痛及感動的一年，原因是我摯愛的爸爸離世了。爸爸是一個極之注重健康管理、充滿愛而且精神也很正面強大的人，相信這是他能夠活到 90 多歲的原因。可是畢竟年事已高，在生命後期患上了癌症而離世。慶幸是爸爸使用的治療藥物副作用較少，但可惜始終經過一段時間後抗藥性產生，而且以他的情況在香港沒有其他治療方法。

像我爸爸一樣，在癌症後期未能得到其他治療方法、被稱為「癌症難民」的病人比比皆是。標準治療例如手術、化療或放射治療等一方面幫助減少癌細胞的數量，但另一方面卻會抑制免疫系統，助長少量殘留的癌細胞帶來復發危機。幸好近年隨著把標準治療加上免疫療法，病人的免疫系統得到最徹底的強化，令不少末期或復發的難治癌症陸續得到治癒，甚至帶來超級生還者。可惜在香港免疫療法未普及化，更別說是免疫療法中涉及「再生醫學」（regenerative medicine）、效果出眾的免疫細胞疫苗可供選擇。

對於這個於短期內在大中華地區實現不了的醫療領域，我很希望自己能做些什麼。於是在去年年底我和合作夥伴一起成立了「思緣諮詢有限公司」（Seren Consultation Limited），目的是為大中華地區的癌症患者介紹日本的免疫療法中需要高度技術而療效顯著的「樹突狀細胞疫苗」（dendritic cell vaccine）。現時為止亞洲國家中甚少擁有以「過繼細胞轉移」（adoptive cell transfer）製造成功的癌症疫苗技術，而日本是極少數的國家。

樹突狀細胞疫苗療法教育免疫系統對準癌細胞進行攻擊

樹突狀細胞是我們體內的免疫機制中識別癌細胞的「指揮官」，能夠把癌細胞的標記（癌標記），即「癌抗原」（cancer antigen）「提示」或「告訴」給 T 淋巴細胞，令它們記住這癌標記，並且把它們活化而成為「細胞毒性 T 細胞」（cytotoxic T cells；CTL）。這些「士兵」細胞毒性 T 細胞能夠對癌細胞進行針對性的攻擊。

把免疫系統指揮官的樹突狀細胞功能活用而研發出來的樹突狀細胞疫苗療法被認為是療效顯著的治癌方法。透過此療法，癌標記，即癌抗原，會被融入到從患者取得的樹突狀細胞，讓樹突狀細胞記住患者的癌抗原，然後再送還至患者體內誘導細胞毒性 T 細胞來狙擊癌細胞。

樹突狀細胞疫苗療法療效顯著但副作用少

樹突狀細胞疫苗療法在臨床上大多數都能把晚期、難治或復發的癌症患者的癌指標降低及延長患者壽命。當中有一小部份晚期癌症患者的病情長期受到控制，竟然在開始治療後數年仍然健康地生活著而成為超級生還者。

此外樹突狀細胞疫苗療法因為是利用自身細胞選擇性地對清除癌細胞而不會傷害正常細胞，所以副作用甚少。最普遍的副作用是接受疫苗注射後 1 天出現輕微發熱，以及注射部位會變紅。2010 年 4 月美國 FDA 已經批准利用樹突狀細胞作為治療前列腺癌的疫苗，是第一件 FDA 批准使用自身細胞的免疫細胞療法治療癌症的案例。由此可見樹突狀細胞疫苗療法的療效及安全性之高。樹突狀細胞疫苗療法亦能夠減輕抗癌藥物的副作用，令患者的精神、睡眠質量及食慾等都得到明顯改善。

製造療效佳的樹突狀細胞疫苗的要素

樹突狀細胞的數量、生存率、活性、成熟度與純度等都是製造高品質疫苗的要素，而專業的細胞培養技術是不可或缺的。另一方面，癌抗原的選擇亦同樣重要。數據顯示人工製作擁有癌標記的蛋白質斷片「肽」（peptide）的人工癌抗原因為能夠和樹突狀細胞的「人類白血球抗原」（human leukocyte antigen；HLA）匹配地結合，所以能夠以最佳效率提示給 T 淋巴細胞。使用人工癌抗原的另外一個好處是省卻抽取腫瘤樣本的需要。不過優質的人工癌抗原必需在治療效果、「抗原特異性」（antigen specific）、表達水平等準則上都表現出眾。

利用人工癌抗原的樹突狀細胞疫苗是為每位患者度身訂造的治療，因為人類的 HLA 類型分為好幾類型，而每類型對應的癌抗原的氨基酸序列的部位也不一定一樣。因此患者的 HLA 類型必需經過分析，然後根據每位患者獨特的 HLA 類型而挑選最合適的癌抗原以製造疫苗。

近年日本癌症免疫細胞治療興起，但當中有少部份的技術水平及安全性受到質疑。因此筆者會小心選擇，把專業而且信譽良好的癌症免疫細胞治療診所推介給香港及國內的癌症患者。我深信樹突狀細胞疫苗療法可以為晚期、難治或復發的「癌症難民」的病人帶來希望，亦幫助癌症康復者減低復發機會。

主要參考書籍和文獻

Wright CE et al (2015) Beliefs about weight and breast cancer: an interview study with high risk women following a 12 month weight loss intervention. Hereditary Cancer in Clinical Practice 13(1): 1.

津金 昌一郎（監修）(2010) 「がんの予防―科学的根拠にもとづいて（国立がん研究センターのがんの本）」小学館クリエイティブ

Neuhouser ML et al (2015) Overweight, Obesity, and Postmenopausal Invasive Breast Cancer Risk. JAMA Oncology 1(5):611-621.

津金 昌一郎 (2015)「科学的根拠にもとづく最新がん予防法」祥伝社

Irwin MR, Olmstead R, Carroll JE (2016) Sleep disturbance, sleep duration, and inflammation: a systematic review and meta-analysis of cohort studies and experimental sleep deprivation. Biological Psychiatry 1;80(1):40-52.

Hurley S et al (2015) Sleep duration and cancer risk in women. Cancer Causes Control. 2015 Jul;26(7):1037-1045.

菅原 道仁 (2015)「身近な人に迷惑をかけない死に方」KADOKAWA

厚生労働省 (2013)「健康づくりのための身体活動基準 (2013) 年版」

Cappuccio FP et al (2010) Sleep duration and all-cause mortality: a systematic review and meta-analysis of prospective studies. Sleep 2010; 33(5):585-592.

Erren TC et al (2010) Shift work and cancer - the evidence and the challenge. Deutsches Ärzteblatt International 107(38): 657-662.

Vyssoki B et al (2014) Direct effect of sunshine on suicide. JAMA Psychiatry 71(11):1231-1237.

Marshall NS et al (2014) Sleep Apnea and 20-Year Follow-Up for All-Cause Mortality, Stroke, and Cancer Incidence and Mortality in the Busselton Health Study Cohort. Journal of Clinical Sleep Medicine 10(4): 355-362.

矢崎 雄一郎 (2014)「免疫力をあなどるな！」サンマーク出版

Patel AV et al (2015) Leisure-time spent sitting and site-specific cancer incidence in a large US cohort. Cancer Epidemiology, Biomarkers and Prevention 24(9):1350-1359.

Schnohr P et al (2015) Dose of jogging and long-term mortality. Journal of the American College of Cardiology 65(5):411-419.

Kiecolt-Glaser JK et al (2014) Yoga's impact on inflammation, mood, and fatigue in breast cancer survivors: a randomized controlled trial. Journal of Clinical Oncology 32(10): 1040-1049.

Bhattacharya (1980) Body acceleration distribution and O2 uptake in humans during running and jumping. Journal of Applied Physiology 49(5) 881-887.

Le CP et al (2016) Chronic stress in mice remodels lymph vasculature to promote tumour cell dissemination. Nature Communications 1;7:10634.

BWJH Penninx et al (1998) Chronically depressed mood and cancer risk in older persons. Journal of the National Cancer Institute 90(24) 1888-1893.

西原 克成 (2006) 「免疫力を高める生活―健康の鍵はミトコンドリアが握っている」 サンマーク出版

Scholey A et al (2009) Chewing gum alleviates negative mood and reduces cortisol during acute laboratory psychological stress. Physiology and Behavior 97(3-4):304-312.

Martin RA, Kuiper NA (1999) Daily occurrence of laughter: relationships with age, gender, and type A personality. Humor - International Journal of Humor Research 12(4):355-384.

森田 祐二 (2010) 「自分の年齢は自分で決める！―エイジングケア 30 のメッセージ」 現代書林

Wiswede D et al (2009) Embodied emotion modulates neural signature of performance monitoring. PLoS ONE 4(6): e5754.

Park BJ et al (2010) The physiological effects of Shinrin-yoku (taking in the forest atmosphere or forest bathing): evidence from field experiments in 24 forests across Japan. Environmental Health and Preventive Medicine 15(1):18-26.

Li Q et al (2007) Forest bathing enhances human natural killer activity and expression of anti-cancer proteins. International Journal of Immunopathology and Pharmacology 20 (2 Suppl 2):3-8.

Vatansever F, Hamblin MR (2012) Far infrared radiation (FIR): its biological effects and medical applications. Photonics Lasers in Medicine 4: 255-266.

Takeuchi A et al (2006) Thermal Combination Therapy with HIFU Ablation and Whole Body Hyperthermia. Thermal Medicine 22(4):239-245

Yakymenko I (2016) Oxidative mechanisms of biological activity of low-intensity radiofrequency radiation. Electromagnetic Biology and Medicine 35(2):186-202.

Warren GW, Cummings KM (2013) Tobacco and lung cancer: risks, trends, and outcomes in patients with cancer. American Society of Clinical Oncology Educational Book 2013:359-364.

Kiatpongsan S, Kim JJ (2014) Costs and cost-effectiveness of 9-valent human papillomavirus (HPV) vaccination in two East African countries. PLoS One 9(9):e106836.

Moreno V et al (2002) Effect of oral contraceptives on risk of cervical cancer in women

with human papillomavirus infection: the IARC multicentric case-control study. Lancet 359(9312):1085-1092.

Lydia E. Wroblewski, Richard M. Peek, Jr., Keith T. Wilson (2010) Helicobacter pylori and gastric cancer: factors that modulate disease risk. Clinical Microbiology Reviews 23(4):713-739.

Ma JL et al (2012) Fifteen-year effects of Helicobacter pylori, garlic, and vitamin treatments on gastric cancer incidence and mortality. Journal of the National Cancer Institute 104(6):488-492.

Susman E (2016) Those 'early bird' dinners might help prevent breast cancer recurrence. Oncology Times 38(4):30.

タカコ ナカムラ、山岸 昌一 (2015) 「老化物質 AGE ためないレシピ ――ウェルエイジングのすすめ」 パンローリング株式会社

Cairns RA, Harris IS, Mak TW (2011) Regulation of cancer cell metabolism. Nature Reviews Cancer 11, 85-95.

Liu J et al (2013) Intake of fruit and vegetables and risk of esophageal squamous cell carcinoma: a meta-analysis of observational studies. International Journal of Cancer 133(2):473-485.

日本栄養士会 (2014) 「管理栄養士・栄養士必携（2014 年度版）データ・資料集」第一出版

Shimazu T et al (2014) Association of vegetable and fruit intake with gastric cancer risk among Japanese: a pooled analysis of four cohort studies. Annals of Oncology 25(6):1228-1233.

前田 浩 (2007) 「活性酸素と野菜の力」幸書房

Turati F et al (2015) Fruit and vegetables and cancer risk: a review of southern European studies. The British Journal of Nutrition 113 Suppl 2:S102-10.

Yang T (2013) The role of tomato products and lycopene in the prevention of gastric cancer: a meta-analysis of epidemiologic studies. Medical Hypotheses 80(4):383-388.

Fielding JM et al (2005) Increases in plasma lycopene concentration after consumption of tomatoes cooked with olive oil. Asia Pacific Journal of Clinical Nutrition 14(2):131-136.

Donaldson MS (2004) Nutrition and cancer: a review of the evidence for an anti-cancer diet. Nutrition Journal 3:19.

Chen P et al (2015) Lycopene and risk of prostate cancer: a systematic review and meta-analysis. Medicine (Baltimore) 94(33):e1260.

松蒲 文三 (2015) 「治療における最近のトピックス1．食事療法」 日本内科学会雑誌 104(4)723-729.

Barański M (2014) Higher antioxidant and lower cadmium concentrations and lower incidence of pesticide residues in organically grown crops: a systematic literature review and meta-analyses. The British Journal of Nutrition 112(5):794-811.

Zanotto-Filho A (2012) The curry spice curcumin selectively inhibits cancer cells growth in vitro and in preclinical model of glioblastoma. The Journal of Nutritional Biochemistry 23(6):591-601.

Gupta SC, Patchva S, Aggarwal BB (2013) Therapeutic Roles of Curcumin: Lessons Learned from Clinical Trials. American Association of Pharmaceutical Scientists Journal 15(1):195-218.

済陽 高穂・志澤 弘 (2016) 「ガンが消えていく食事 成功の秘訣（食道・胃・大腸・肝臓・膵臓・腎臓・肺・前立腺ガンから悪性リンパ腫まで続々と治癒）」マキノ出版

Greger M, Stone G (2015) How not to die: discover the foods scientifically proven to prevent and reverse disease. New York, NY; Flatiron Books.

細貝 祐太郎 (2015) 「新食品衛生学要説 食べ物と健康・食品と衛生 2015年版」医歯薬出版

Jun Lv et al (2015) Consumption of spicy foods and total and cause specific mortality: population based cohort study. British Médical Journal 351:h3942.

Vij VA, Joshi AS (2013) Effect of 'water induced thermogenesis' on body weight, body mass index and body composition of overweight subjects. Journal of Clinical and Diagnostic Research 7(9):1894-1896.

Falony G et al (2016) Population-level analysis of gut microbiome variation. Science 352(6285):560-4.

Willis JL (1993) Current issues in women's health: an FDA consumer special report. Darby, PA; Diane Books Publishing Company.

Domingo JL, Nadal M (2016) Carcinogenicity of consumption of red and processed meat: What about environmental contaminants? Environmental Research 145:109-115.

Wang DD et al (2016) Association of specific dietary fats with total and cause-specific mortality. JAMA Internal Medicine 176(8):1134-1145.

Orlich MJ et al (2015) Vegetarian dietary patterns and the risk of colorectal cancers. JAMA Internal Medicine 175(5):767-776.

Wu L et al (2015) Nut consumption and risk of cancer and type 2 diabetes: a systematic review and meta-analysis. Nutrition Reviews 73(7):409-425.

Mydlo JH, Godec CJ (2015) Prostate Cancer: Science and Clinical Practice. Cambridge, MA; Academic Press.

Konno S (2009) Synergistic potentiation of D-fraction with vitamin C as possible alternative approach for cancer therapy. International Journal of General Medicine 2: 91-108.

Yang P et al (2008) Clinical application of a combination therapy of lentinan, multi-electrode RFA and TACE in HCC. Advances in Therapy 25(8):787-794.

Li J et al (2014) Dietary mushroom intake may reduce the risk of breast cancer: evidence from a meta-analysis of observational studies. PLoS One 9(4):e93437.

Stockwell T (2016) Do "moderate" drinkers have reduced mortality risk? A systematic review and meta-analysis of alcohol consumption and all-cause mortality. Journal of Studies on Alcohol and Drugs 77(2):185-198.

Brooks PJ et al (2009) The Alcohol Flushing Response: An Unrecognized Risk Factor for Esophageal Cancer from Alcohol Consumption. PLoS Medicine 6(3):e50.

Jenab M et al (2010) Association between pre-diagnostic circulating vitamin D concentration and risk of colorectal cancer in European populations: a nested case-control study. British Medical Journal 340:b5500.

Gonzales JF et al (2014) Applying the precautionary principle to nutrition and cancer. Journal of the American College of Nutrition 33(3):239-246.

Michaëlsson K et al (2014) Milk intake and risk of mortality and fractures in women and men: cohort studies. British Medical Journal 349:g6015.

Zota AR et al (2010) Self-reported chemicals exposure, beliefs about disease causation, and risk of breast cancer in the Cape Cod Breast Cancer and Environment Study: a case-control study. Environmental Health 9:40.

Danjou AMN et al (2015) Estimated dietary dioxin exposure and breast cancer risk among women from the French E3N prospective cohort. Breast Cancer Research 17:39

安部　司 (2005) 「食品の裏側ーみんな大好きな食品添加物」東洋経済新報社

Danjou AMN et al (2009) Long-term use of beta-carotene, retinol, lycopene, and lutein supplements and lung cancer risk: results from the VITamins And Lifestyle (VITAL) study. American journal of Epidemiology 169(7):815-828.

Duffield-Lillico AJ et al (2003) Selenium supplementation, baseline plasma selenium status and incidence of prostate cancer: an analysis of the complete treatment period of the Nutritional Prevention of Cancer Trial. BJU international 91(7):608-612.

Hercberg S (2007) Antioxidant supplementation increases the risk of skin cancers in women but not in men. The Journal of Nutrition 137(9):2098-2105.

Carwile JL (2011) Canned soup consumption and urinary bisphenol A: a randomized crossover trial. Journal of the American Medical Association 306(20): 2218-2220.

沖 大幹 (2016) 「水の未来ーーグローバルリスクと日本」岩波書店

川田志明 (監修) (2010) 「医師が選んだ免疫細胞療法　抗がん剤×放射線×免疫でがんを狙い撃つ」幻冬舎

木村 秀樹 (2011) 「がんへの挑戦 免疫細胞療法ーがんの治療は今のままでよいのか？」永井書店

作者：林麗君
插畫：林麗君
編輯：沈楓琪
設計：4res
出版：紅出版（青森文化）
地址：香港灣仔道 133 號卓凌中心 11 樓
出版計劃查詢電話：(852) 2540 7517
電郵：editor@red-publish.com
網址：http://www.red-publish.com
香港總經銷：香港聯合書刊物流有限公司
台灣總經銷：貿騰發賣股份有限公司
地址：新北市中和區中正路 880 號 14 樓
電話：(886) 2-8227-5988
網址：http://www.namode.com
出版日期：2017 年 4 月
ISBN：978-988-8437-33-7
定價：港幣 98 元正/ 新台幣 390 元正